学術選書 042

災害社会

川崎一朗

KYOTO
UNIVERSITY
PRESS

京都大学
学術出版会

はじめに

二〇〇八年五月一二日の午後、四川地震の第一報に接した。我が身の不明を恥じるのだが、その後に続く恐ろしい事態を察することはできなかった。マグニチュード七・九なら一九八三年日本海中部地震や一九九三年北海道南西地震と同じ程度、北京や上海近郊で起こったのならともかく、四川のような奥地で起こったのだから、被害はそれほどでもあるまいと思ってしまった。その後の一週間は、マスコミを通して伝わってくる惨状を見ながら、今でも多くの人々が亡くなっているのだという恐ろしい思いをいだいて過ごした。その間、私は、四川省の人々のために地震学は何をなし得るかを考えたが、答えは見いだせなかった。

その一ヶ月後、六月一四日の朝九時四五分、岩手・宮城内陸地震の第一報がテレビに流れた。岩手県南部から宮城県北部一帯は震度六強、急いで研究室に駆けつけ、テレビはもとより、気象庁や防災科学技術研究所などのホームページにアクセスし、情報を集めた。一日のうちに多くの情報が流れ、地震像が明らかになった。この地震も、私に多くのことを考えさせた。

一九九五年兵庫県南部地震（阪神淡路大震災）以降、地震予知研究は、「観測データの異常から地震発生を予知する」というアプローチから、「断層滑りの摩擦法則に基づいて、地震発生に至る物理的プロセスの予測を通して予知を行う」というように変わり、地震に関する基礎的研究を重視することになった。あのころ、「それは一見回り道かも知れないけれど、物理的プロセスさえよく理解すれば、意外と早く予知が見えてくるさ」という楽観的な空気があったような気がする。少なくとも私はそうであった。兵庫県南部地震から十数年、地震理解は大きく進歩したと自信をもって言える。しかし、多くの研究者が必死で汗を流しているにも関わらず、未だに予知は明確には見えない。とはいえ、地震学は、今後一〇年、二〇年と更に進歩を遂げるであろう。

しかし、数十年後に確実に東南海・南海地震におそわれることを思い起こすと、それは私を不安にさせた。日本の社会を見回して見ると、災害脆弱性は加速度的に増大している。地震学や防災科学が進歩しても、増大する社会の脆弱性に追いつきそうもない。そのため、「予知が可能になっても、次の東南海・南海地震による人々の苦しみを減らす効果は限定的でしかないのではないか？」という不安である。

繰り返し語られてきたことであるが、海溝型地震や内陸型地震という「危険因子」が社会の「脆弱性」に出会って始めて地震災害は生じる。「危険因子」と「脆弱性」を合わせたものを「リスク」と呼ぶ。次の東南海・南海地震の時の人々の苦しみを大きく減少させるには、地震学など危険因子研究の境界線を越えて、「加速度的に増大する社会の災害脆弱性そのもの」、したがって「社会のあり方そのもの」を問わなければ、予想される恐ろしい地震災害を大きく減らすことは出来ないのではないかと思うようになった。それが私がこの本を書かずにおれなかった理由である。災害脆弱性とは、具体的には、密集市街地、老朽化するライフライン、乱立する超高層ビル、放棄マンション、「農」の崩壊などである。

三ヶ月ほどかけて最初の原稿をほぼ書き上げた頃、二〇〇八年金融危機がやってきた。それは、「リスクの先送り、リスクの不透明化が、必ず、いずれは、より大きな災いとなって顕在化する」ことを明示した。それは私にいっそう「地震リスク」のことを思い出させた。

それは、私が今まで漠然と感じながら、声に出せないでいた思いを書いておこうという決意を強固なものにした。超高層ビルの乱立は「地震リスクの次の世代への先送り」であり、「格差」を拡大させる政治は「災害に脆弱な社会への責任放棄」ではないかという思いである。それは地震学や防災科学の境界から政治や行政に異議を申し立てることである。

アカデミズムの問題としていえば、「自然科学は自然科学、人文学は人文学」という考え方を一旦は側に置き、「理学、工学、人文学、社会学、経済学などを一つの枠組みで考え、積極的に情報発信していく」のでなければ、巨大災害によってもたらされるであろう人々の苦しみを大幅に減らすことには貢献できないと思えてならない。「一つの枠組みで考える」などと言うのはおこがましい。ここで行ったのは、単に一つの枠組みに置いてみただけというべきであろう。誰も地震学者に社会分析を期待していないことも分かっている。専門家が行う社会分析に比べて掘り下げが不十分なことも自覚している。おのれの力不足を思うと腰が引けるが、どうしても進まざるを得ないと思うようになった。

第一章から第三章では「危険因子」としての地震について述べ、第四章では危険因子の「増幅要因」としての軟弱地盤について述べる。それなしには、足下のリスクに対する臨場感に欠けると思ったからである。第五章から第八章で「災害脆弱性」について述べ、第九章では、数十年後の未来を遠く見ながら、「災害レジリアンス」を力強いものとするために必要な要素について議論を重ねたい。災害レジリアンスとは、災害を柔軟に受け止める社会のしなやかさ、あるいは災害からの復元力を指す。附章では「京都大学らしさ」にあえて言及したい。

この本では、地震予知に直接関わる事柄には言及しない。予知に関しては、拙著『スロー地震とは何か』(NHKブックス、二〇〇六)、日本地震学会地震予知検討委員会から出された『地震予知の科学』(東京大学出版会、二〇〇七)などを読まれたい。

歴史地震の記述については『日本被害地震総覧[416]-2001』(宇佐美龍夫、東京大学出版会、二〇〇三)によっている。本書の書題『災害社会』は、畏敬する橘木俊詔の『格差社会』(二〇〇六)に倣ったものであることもお断りしておきたい。本文中では敬称と肩書きはすべて省略した。あらかじめ深くお詫びしておきたい。既に引退された方の所属は、その方の長年在籍しておられた大学や研究機関の名前を記した。既に亡くなられた方についてのみ生年と死亡年を記した。

災害社会◉目　次

災害社会

第1章

意外な場所を大地震が直撃する

二〇〇八年岩手・宮城内陸地震の時の荒砥沢（宮城県栗原市）の崩壊現場。王功輝（京都大学防災研究所）による。

図1−1●中国の地図。北京、成都、および四川地震の震央を示す。

二〇〇八年四川地震の地震像

二〇〇八年五月一二日の午後三時三四分、地震予知研究センターの多くのモニターの地震波形が突然大きく揺れだした。仮に震源を決めてみたが日本国内には決まらない。四年前のスマトラ地震ほど大きくはないが、どこかで巨大地震が起こったことは間違いない。緊張が走った。そうこうするうちにテレビで四川地震のニュースが流れ始めた。なお、私は、当日の午後は研究所に不在で、この様子は伝聞によることをお断りしておきたい。

数時間の内に、コロンビア大学のラモント・ドハーティ地球研究所（アメリカ合衆国ニューヨーク州）のホームページに、長周期の地震波を用いた解析によって求められた地震のメカニズムが出た。マグニチュード（必要に応じてMと略記する）は七・九、震央は中国四川省（図1−

1)、チベット側が四川盆地に向かってのし上がる逆断層タイプの巨大地震である。ただし、ラモント・ドハーティ地球研究所のメカニズムは、震源が点であると仮定した全体像のみを把握するためのものなので、地震断層の破壊プロセスなどはわからない。

その日の内に、名古屋大学の地震・防災研究センターの山中佳子のホームページに、世界中の地震記録の解析による破壊プロセスの序報が出た。彼女の解析結果によると、滑り分布は図1－2のようになる。それに続いて、筑波大学の八木勇治、東京大学の纐纈《こうけつ》一起のグループの解析結果がそれぞれのホームページに出た。ラモント・ドハーティ地球研究所より複雑な解析をするので時間がかかる。

彼らの解析結果によると、四川地震の最初の破壊は、五月一二日午後三時（現地時間午後二時）二七分、成都の西南西ほぼ一〇〇キロメートル（図1－2の☆印）、深さ約一〇キロメートルの地点で始まった。断層破壊の第一ステージは、そこから北東に向かってほぼ一〇〇キロメートル、龍門山断層に沿って秒速二～三キロメートルの速度で伝わり、約一分ののちに終了した。それから一〇秒ほどの時間をおいて、そこから第二ステージがはじまり、さら一分かけて北東に一〇〇キロメートルほど拡大し、全体としてほぼ二分で長さ二〇〇キロメートルから三〇〇キロメートルの全断層拡大プロセスは終了した。それは激烈な地震動を周辺に向かって送り出し、恐ろしい被害が生じた。

地震の次の日、どの新聞でも、図1－3のように「四川省で大地震」との見出しが第一面に踊り、死者八七〇〇人超と報じた。死者の数は、一五日の朝刊では一万二〇〇〇人、一五日の朝刊では一万

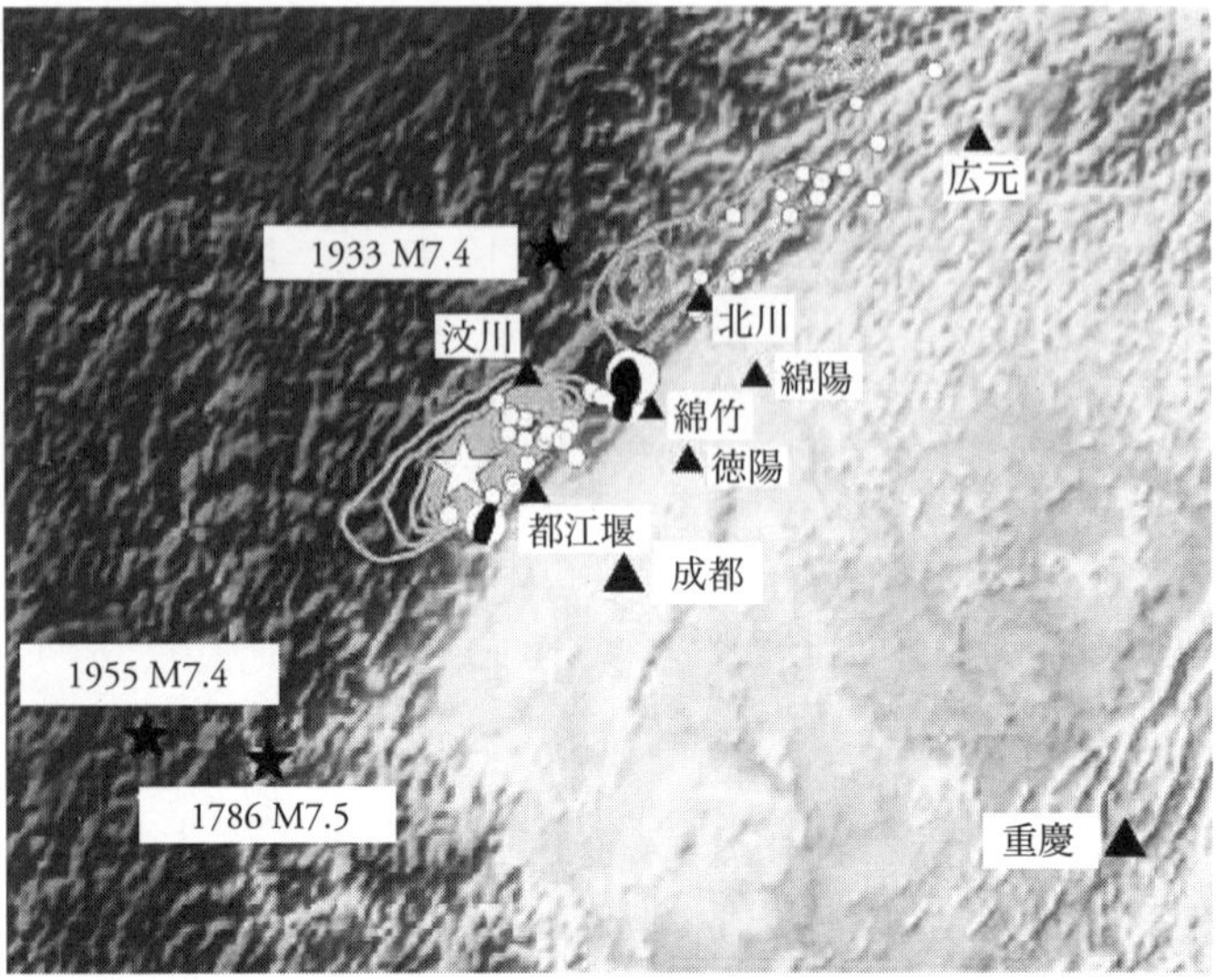

図1−2●世界中の地震記録の解析によって求めた四川地震の断層滑りの分布図。コンター間隔は1m。成都の西南西ほぼ100km、深さ約10kmの地点で始まり、龍門山断層に沿って長さ300kmの断層滑り拡大プロセスはほぼ2分で終了した。○は余震。山中佳子（2008）のホームページによる。

五〇〇〇人、一六日の朝刊では二万人となり、地震発生後一週間後の一九日に至って、倒壊家屋約五〇〇万戸、死者と行方不明者の合計はほぼ九万人、避難生活者は一〇〇〇万人と報道されるようになった。家を失い、不自由な生活を強いられている避難生活者達は疲労の色を濃くしていると新聞は報じた。

一九九五年阪神淡路大震災の場合、後日の解剖所見によると、死者の約半数は、倒壊家屋などによる窒息や打撲によって地震後一五分以内に亡くなった。四川地震の場合も、何万もの人々が地震直後

第45364号　2008年（平成20年）5月13日　火曜日　（日刊）

中国で大地震 死者8700人超

学校、工場で生き埋

四川省M7.8 被害拡大の恐

12日、倒壊した中国・四川省の建物で、救出作業をする人たち（新華社＝共同）

【梁平県（中国重慶市）13日共同】中国四川省で十二日午後二時半（日本時間同三時半）ごろ、強い地震が発生し、新華社は同省だけで八千五百三十三人が死亡したと報じた。隣接する重慶市で五十人が死亡するなど全体の死者数は八千七百人を上回った。中国地震局などによると震源は同省成都の北西約九十㌔の同省アバ・チベット族チャン族自治州汶川県で、地震の強さはマグニチュード（M）7・8。負傷者は一万人の見通し。同省綿陽市北川県では八割の建物が倒壊した。同省内の中学校では校舎が倒壊、生徒九百人近くが生き埋めとなり、五十人以上が死亡した。（2、3、28、29面に関連記事）

胡錦濤国家主席は迅速な救援活動を指示し、事態を重視して温家宝首相を被災地に急派。温首相は、首相をトップとする「地震災害対策本部」を設置し

がれ

【北京12日時事】中国四川省を震源とする地震で、成都市郊外の都江堰市の聚源中学校では校舎が倒壊し、生徒ら九百人近くが生き埋めとなった。

新華社電によると、三階建ての校舎は一部が倒壊しており、がれきの下で数人の生徒がもがき、助けを求めていた。現場にはクレーン車五台と救急車が出動し、駆け付けた生徒の両親が悲嘆に暮れていた。近所の人たちも救助活動を手伝った。

「校舎が急に前後に揺れ始めた。ほかの人

図1－3●四川地震の発生を伝える2008年5月13日の京都新聞の記事。

に亡くなったであろう。何万もの人々が、ほとんど同じ場所でほとんど同時に亡くなるとは想像するだに恐ろしい。さらに地震直後から二週間ほどは、絶え間なく多くの人々が瓦礫の下で亡くなり続けているのかと思うと、いたたまれない毎日が続いた。

五月二一日には、四川省チャン族自治州汶川県の紫坪埔ダム堤に五〇センチメートルを越える亀裂が数十メートルも走り、外壁は数十メートルにわたって波打つように崩れたとの報道が流れた。紫坪埔ダムは、黒部ダムの約七倍の貯水量を持ち、もし決壊すると下流の六〇万に及ぶ人々が濁流にのまれる危険があった。

五月二八日には、四川省綿陽市北川県

の唐家山で、大規模な土砂崩れが川をせき止め、巨大な地震ダムができたと報じられた。貯水量は黒部ダムとほぼ同程度にまで増大し、もし決壊すると、一〇〇万に及ぶ人々が濁流にのまれる危険があると危惧され、下流の人々の避難がはじまった。

四川盆地西縁では、一七八六年、マグニチュード七・八の地震が起こり、約四〇〇〇人の死者を出した。その九日後、土砂崩れでできた地震ダムが余震によって崩壊し、下流では洪水のために数万の死者を出した。同じことを繰り返さないために、決死の排水路工事がはじまり、六月一日には、排水路が完成したとの記事が新聞に載った。その後、地震ダムが崩壊したというニュースは聞かない。排水路は効果を発揮したものと思われる。

四川は周囲は山岳地帯に囲まれており、救援の手は及びにくいであろう。人々の苦しみは長く続くに違いない。

私は宮城谷昌光のファンである。夏王朝から商王朝への橋渡しをした伊尹（紀元前一六〇〇年ころ）をえがいた『天空の舟』、春秋時代前期の覇者となった斉の宰相管仲（紀元前六五〇年頃）をえがいた『管仲』、晋の文公の時代（紀元前六〇〇年頃）をえがいた『沙中の回廊』、春秋時代中期の斉の宰相晏嬰（紀元前五〇〇年頃）をえがいた『晏子』、始皇帝が生まれる直前の秦の宰相呂不韋（紀元前二五〇年前後）をえがいた『奇貨居くべし』などを大いに楽しんだが、物語の舞台は黄河流域の中原の地で、長江の上流にあたる四川も成都も出てこない。この時代、四川は文化果つる流刑の地とされていた。

私のような一介の読者の目に成都が登場するのは三国志の時代（三世紀）である。後漢が滅んだのち、魏の曹操、呉の孫権、蜀の劉備玄徳が天下を三分したが、劣勢であった劉備玄徳は、四川の地に理想の国を立てようとした。

世界地図で見ると四川盆地は小さいが、実際は日本の面積の半分くらいはあり、今では八〇〇〇万を越える人々が住む。四川における防災を考えるには、四川の歴史から学んで行くことになるだろう。

何故中国内陸部で大地震が起こるのか？

地震後、「何故中国内陸部で大地震が発生するのですか？」という質問を何度も受けた。

地球規模のダイナミクスの基本的枠組みであるプレート・テクトニクスによると、地球の表面は、図1-4のように、太平洋プレート、ユーラシア・プレート、北アメリカ・プレート、インド・プレートなどの巨大プレートに覆われている。プレートは地球表面を年間数センチメートルの速度で動いており、巨大地震や火山活動は、プレートの境界部で発生する。この枠組みで考えていると、「プレート境界が存在しない中国内陸部では大地震は発生しない」と思ってしまっても無理はない。

中国の内陸部で地震を引き起こす力の源は、インド大陸を載せるインド・オーストラリア・プレー

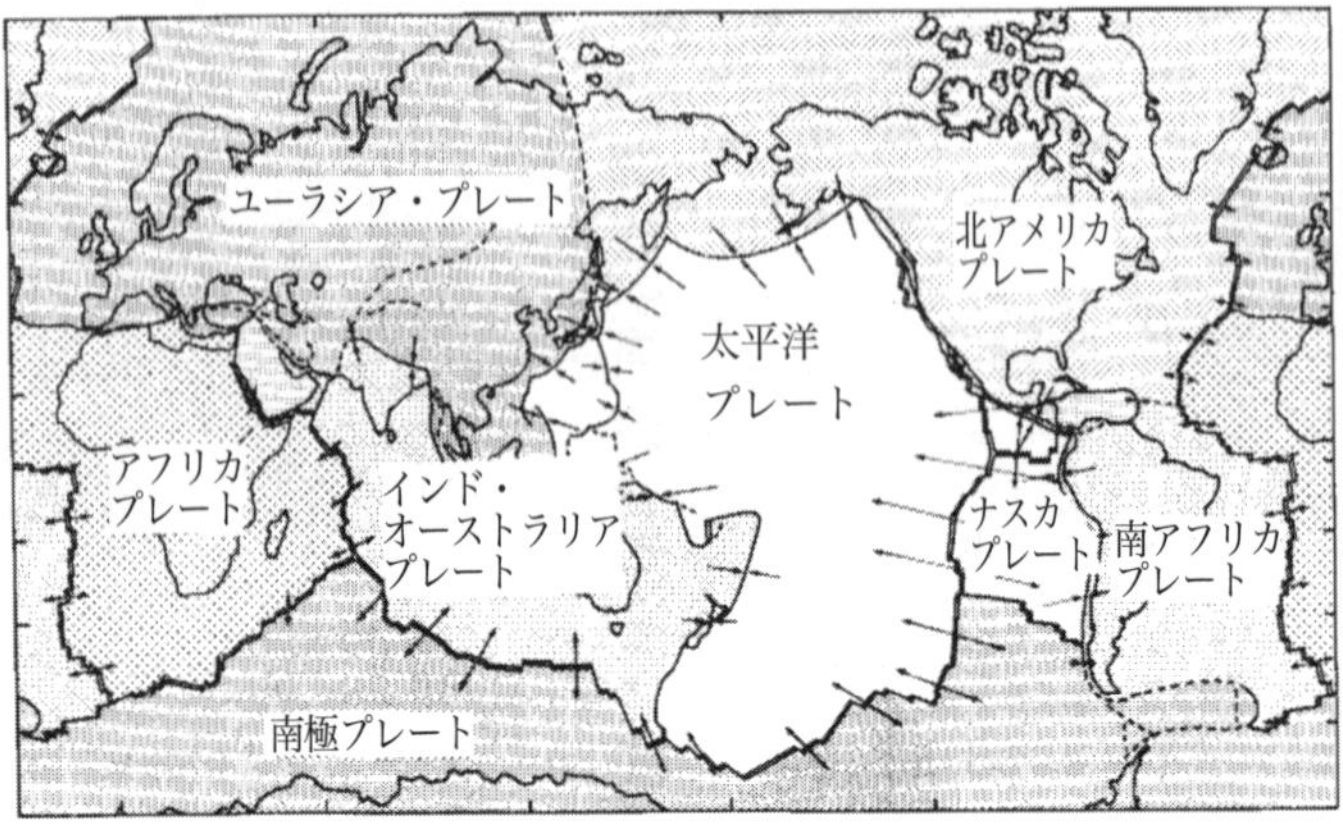

図1−4●地球の表面のプレート分布。太平洋プレート、ユーラシア・プレート、北アメリカ・プレート、フィリピン海プレートなどの巨大プレートに覆われている。両矢印はプレートの拡大方向と拡大速度を示す。

トが北に向かって年間約五センチメートルの速度でユーラシア・プレートに衝突していることである。しかし、それだけでは、プレート境界から一〇〇〇キロメートルも離れた内陸部で巨大地震が起こることを説明するのに十分ではない。その答えは、「陸の地殻」と「陸の地殻」が衝突している、地球上でもユニークな場所だからである。「陸の地殻」は、「海の地殻」に比べて軽い。日本海溝や南海トラフのように、「陸の地殻」と「海の地殻」が衝突しているところでは、より重い「海の地殻」を乗せた太平洋プレートの方が沈み込んでいく。「陸の地殻」と「陸の地殻」が衝突しているチベットでは、インド大陸側の「陸の地殻」がなんとかチベットの下に沈み込むのだが、太平洋プレートのようには素直には地球深部に向かって沈み込めず、

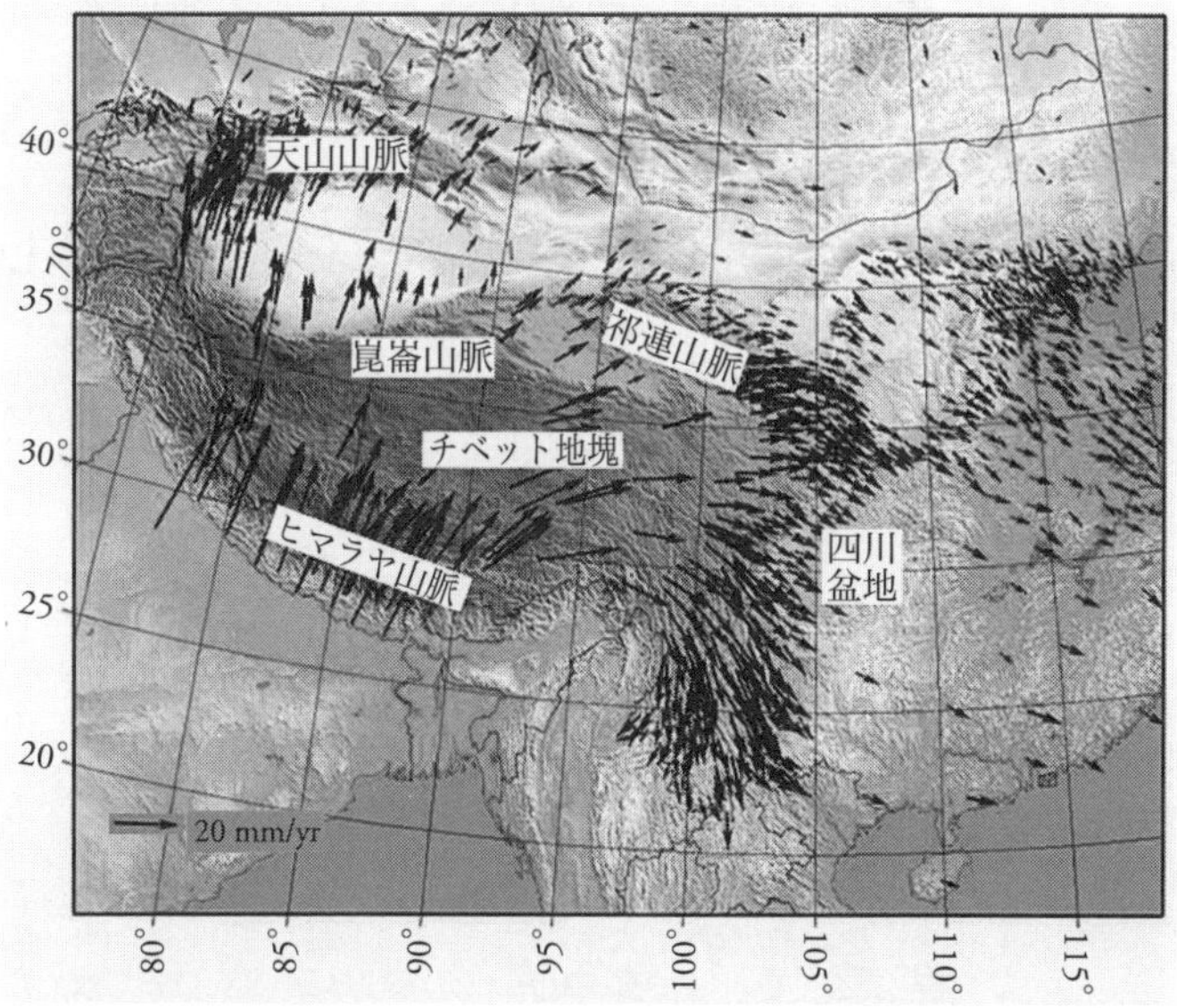

図1−5● GPSによる中国の定常的地殻変動。インド大陸が北に向かって年間約5cmの速度でユーラシア・プレートに衝突している。チベット地塊は、北および東方に向かって押し出され、四川盆地の西縁で2008年四川地震が発生した。Gan et al.（2007）による。

チベットの地殻の下にへばりつき、東西五〇〇〇キロメートル、南北三〇〇〇キロメートルのチベット地塊を押し上げ、境界部で大きな地殻歪みを生じさせている。

この衝突による地表の奇妙な動きは、宇宙技術であるGPS（Global Positioning System：汎地球測位システム）で実測されている（図1−5）。チベットの地塊の北端（崑崙（クンロン）山脈から祁連（チーリエン）山脈）は年間二から三センチメートルの速度で北東に向かって押し出され、東端は四川盆地との境界部で年間二から三センチメートルの速度で東―東南に向かって押し出されていることが見てとれる。このため、地殻歪みはチベット地塊の周辺部で大きく、ヒマラヤ山脈、崑崙山脈、祁連山脈、四川盆地西縁は地震の多発帯となっている。四川盆地西縁走る龍門山断層帯は、東西幅ほぼ六〇キロメートル、長さは一〇〇〇キロメートルにも達し、標高は急激に推移する。チベット地塊がなぜ龍門山断層帯で途切れるのか、過去数千万年の間に四川盆地がどのようにできたのかはよく分かっていない。いずれにせよ、チベット地塊の境界部は、巨大な内陸型地震が起こる、地球上でも特異な場所である。

四川盆地の西方、チベット高原の北端、北緯三一から三三度を東西に走るのが崑崙山脈である。定常的な地震活動は必ずしも活発ではないが、二〇〇一年にはマグニチュード七・八、断層の長さ東西ほぼ四〇〇キロメートル、左横ずれタイプの巨大な内陸型地震が起こった。幸いなことに、人がほとんど住まない奥地だったので被害は少なく、死者は報じられていない。

GPSは、車のカーナビなどで既によく知られているように、二万キロメートルの高度の軌道を飛ぶ二四個のGPS人工衛星から放出される電波を受信し、地面の位置を精密に決定するシステムである。カーナビによる位置決定の精度は一メートル程度であるが、国土地理院が提供している地球科学の研究のためのデータの精度は一センチメートルより小さい。

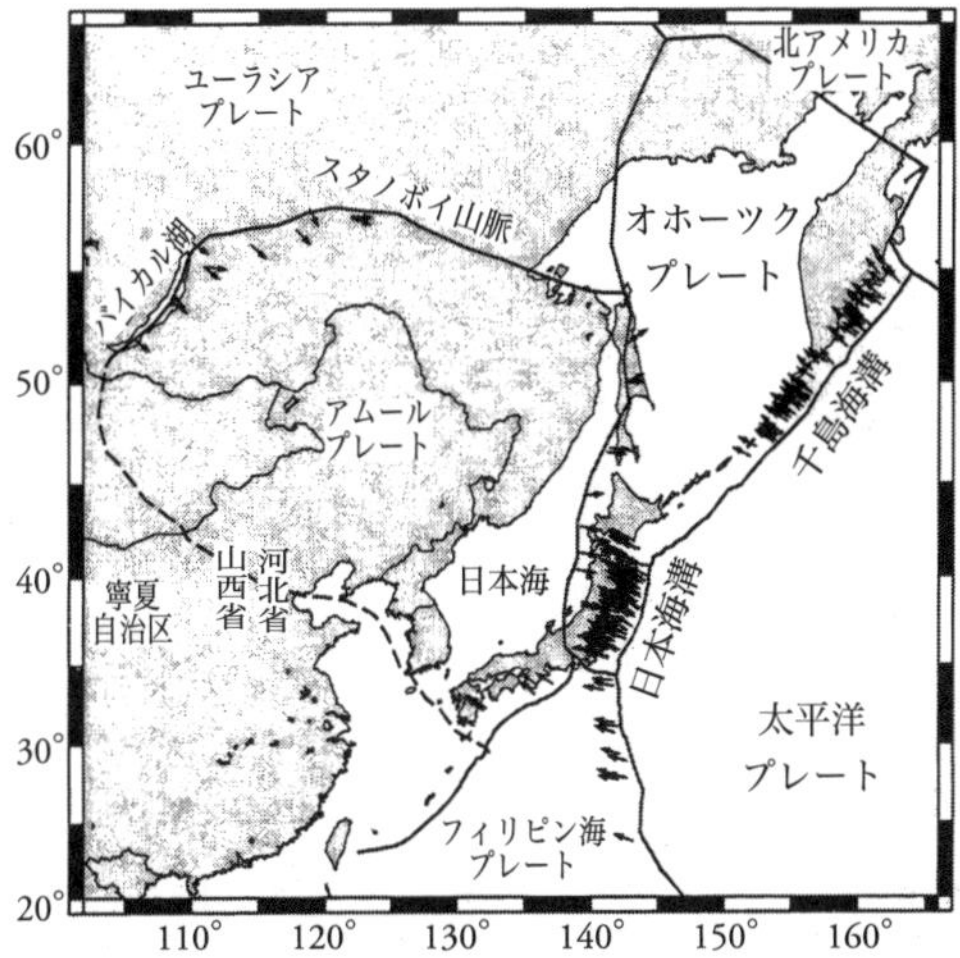

図1－6●アムール・プレートの概念図。瀬野・魏（1998）による。

北京周辺の地震多発地帯とアムール・プレート

中国内陸部のもう一つの地震多発帯は、北京周辺の河北省から山西省である。ここでは、二四万人の死者を出した一九七六年唐山地震（M七・八）などが発生した。ここで大地震が発生する原因としては、アムール・プレートの境界が通っているからとの説が有力である。

図1-6のように、サハリン北端から西に延びてバイカル湖を通り、南に下がってモンゴルを縦断し、南東に振れて北京周辺（河北省）を通り、黄海の中央部を通って九州西方に至り、南海トラフから中央構造線を通り、日本海東縁からサハリンに戻る、中国東北地方（旧満州）を大きく取り囲む線を考えよう。

この線に囲まれた部分がアムール・プレートである。アムール・プレートの内陸部の境界部はほとんどが観測困難な地域で、ユーラシア・プレートからアムール・プレートを独立させる学説を実証することは難しいが、バイカル湖周辺や北京周辺は確かに大地震が多く、有力な学説と言えよう。

一方、北京からほぼ七〇〇キロメートル西方の寧夏自治区では、一七三九年、マグニチュード八・〇の地震で一〇万人の死者が生じ、一九二〇年のマグニチュード八・五の地震では二四万人の死者が生じた。チベット地塊からもアムール・プレート境界からも離れた場所で、どうしてこの様な巨大地震が起こるのか、さっぱり分かっていない。

人口が多いとはいえ、過去一〇〇〇年、中国では日本よりも多くの地震の犠牲者を出してきた。地震学が中国において重要な学問であることは間違いない。

二〇〇八年岩手・宮城内陸地震

二〇〇八年六月一四日午前八時四三分、岩手宮城内陸地震が発生した。余震分布から推定される地震断層の広がりは、岩手県南部と宮城県北部の奥羽山脈東麓部であった。テレビの地震速報は、岩手県南部の奥州市、宮城県北部の栗原市などで震度六強と報じていた。人口が多い平野部の都市域で震

死者6人不明11人

岩手・宮城地震

温泉客ら生き埋め

負傷者170人超す

◀1階部分が押しつぶされた「駒ノ湯温泉」の建物（14日午後6時40分、宮城県栗原市で、本社ヘリから）＝吉川綾美撮影

14日朝に発生した岩手・宮城内陸地震で、震度6強を観測した岩手県奥州市と宮城県栗原市で新たに4人の死亡が確認され、この地震の死者は6人になった。宮城県警などによると、栗原市にある旅館「駒ノ湯温泉」の宿泊客ら7人を含む計11人の安否が不明。読売新聞が警察や自治体に聞いたところ、負傷者は15日午前0時現在で172人に上る。余震は続き、同時刻までに震度1以上が計214回に達した。気象庁は「今後1週間程度は余震が続くとみられ、震度6弱程度の揺れが起きるおそれもある」と警戒を呼びかけた。

新たに死亡が確認されたのは、岩手県滝沢村の千葉正彦さん(48)。奥州市の胆沢ダム工事現場で落石を受けた。宮城県栗原市の国道のり面工事現場で土砂崩れに巻き込まれた山形県鮭川村の作業員五十嵐正巳さん(54)、同門脇義富さん(53)の2人は14日夜、死亡が確認された。宮城県栗原市の湯浜温泉で土砂崩れに巻き込まれた車の中から性別不明の1人の遺体を発見した。

また、宮城県警によると、釣り人らと連絡がとれなくなっているほか、「駒ノ湯温泉」の宿泊客、経営者の家族らが生き埋めになるなど、計10人が安否不明。作業員2人が死亡した工事現場には1人が土砂に埋まったままだが、仙台市消防局レスキュー隊などの捜索活動は余震で難航。午後7時すぎに2人を発見したが、

瓦礫の

宿泊客ら7人が取り残された「駒ノ湯温泉」。土砂に押しつぶされた建物で、宮城県警の救助隊が懸命の捜索にあたったが、日が暮れるとともに作業は山中の闇に阻まれて難航、無念の中断を余儀なく

図1－7●岩手宮城内陸地震の発生を伝える、2008年6月14日の京都新聞の記事。

度六強だとすると相当の被害が出ているに違いない、大変な事態になったと緊張して地震予知研究センターに駆けつけた。防災科学技術研究所（茨城県つくば市）のHi-net（ハイネット、高感度地震観測網）のホームページをのぞき込むと、マグニチュード七・二、東西圧縮の逆断層型地震であった。

テレビで被害の状況を見ていると、次第に、土砂崩れや土石流のニュースが流れてきた。震度六強の一関市、栗原市、仙台市などの市街地の被害のニュースが流れないのが、被害が無いことを意味するのか、外部に向かって情報を発信できないほど被害が激烈なのか、やきもきしたが、そのうち、平常通りの生活が行われている映像が流れ、とりあえずほっとした。

その後、栗駒山東南麓で起こった土石流は駒ノ湯の温泉宿を押し流して七名（図1-7の記事の時点では六名）の犠牲者を出し、荒砥沢の巨大な山体崩壊は人々を驚かせた。

最終的に、死者一三人、行方不明一〇人である。亡くなられた方にはお気の毒であるが、マグニチュードと震度の割には被害が少ないことが、不幸中の幸いであった。

震源周辺には活断層はなかったはずだと思って文献を調べると、近くに北上低地西縁断層があった。しかしながら、内閣府の地震調査委員会の長期発生予測による発生確率はほぼ〇%で、ここで大地震が発生するとは意表を突かれたと言うことができる。

二〇〇四年スマトラ超巨大地震

ここではスマトラ地震のことを振り返っておこう。

二〇〇四年一二月二六日、日曜日の朝一〇時（現地時間九時）、スマトラ島西方沖で大地震が起こった。テレビの速報に接し、急いで研究室にかけつけ、ラモント・ドハーティ地球研究所のホームページにアクセスした。なかなか地震メカニズムが出なかったが、そのうち、南東側のインド洋プレートがインドネシア諸島の下に低角で沈み込む逆断層型で、マグニチュードは八・六との結果が出た。数

京都新聞　2004年（平成16年）12月27日　月曜日

スマトラ沖 M8.9地震

大津波、9200人死亡

タイ 邦人20人不明

【ジャカルタ26日共同】インドネシアのスマトラ島沖で二十六日、マグニチュード（M）8・9の巨大地震が発生し、最大で高さ十㍍級の津波がスリランカなどインド洋沿岸の少なくとも七カ国を襲った。津波はタイ南部のプーケットなど日本人に人気の国際リゾートも直撃。AP通信などによると、スリランカで約四千五百人、インドで約二千人が死亡、インドネシアやタイでも被害が拡大し、死者総数は九千二百人を超えた。

インド洋 7カ国沿岸直撃

バンコクの日本大使館によると、プーケットなどで日本人約二十人が行方不明になり、うち十人は波にのまれた可能性が高いとして確認を急いでいる。旅行会社エイチ・アイ・エスによると、同地域で日本人ツアー客二人がけがをした。

タイ南部の不明者は約二千八百人。各地で外国人を含む多数が行方不明になっており、死者数はさらに増える恐れがある。津波の被害としては、一九七六年にフィリピンで推定八千人が死亡したのを上回り、過去百年間で最悪の規模となった。

スリランカでは東岸沿い、インドでは南部タミルナド州など三州に被害が集中。インドネシアではアチェ州などで千九百人以上が死亡した。

プーケットを含むタイ南部では二百人以上が死亡、約五千人が負傷。マレーシアでもリゾートのペナンなどで約四十人が死亡した。フランス公共ラジオによると、タイ南部では外国人ダイバーら多数が一時行方不明になり、マレーシア人二人が死亡、約八十人が無事救出された。

モルディブでは首都マレで三分の二が冠水。空港が閉鎖され、政府は非常事態を宣言した。

米地質調査所によると、M8・9の地震はスマトラ島西方で二十六日午前八時（日本時間午前十時）ごろ観測。震源の深さは約十㌔。その後も同島北方のインド洋アンダマン諸島などを震源とするM5－7級の地震が続発した。M8・9は一九〇〇年以降で五番目の強さ。最大は六〇年チリ地震のM9・5。

【バンコク26日共同】バンコクの日本大使館によると、日本人観光客が行方不明になっているのは、プーケットとその北側にある新興リゾート地カオラック、プーケットの東方沖約五十㌔に浮かぶピーピー島の三カ所。十人は一緒にいた家族や友人の話で、津波の際の波にさらわれたとみられる。

図1－8●スマトラ地震の発生を伝える2004年12月26日の京都新聞。

時間あとに見直すと、マグニチュードは九・〇と改訂されていた。マグニチュード九・二の一九六四年アラスカ地震以来、四〇年ぶりの超巨大地震であった。

スマトラ地震によって励起された巨大な地震波は、地球を何周も駆けめぐった。日本列島全体が、周期ほぼ一〇分、数センチメートルの振幅で大きく揺さぶられた。数センチメートルというとあまり大きくないような気がするかも知れないが、実に巨大なエネルギーなのである。

被害はインドネシアだけではなかった。地震発生二時間後には、巨大な津波がタイのプーケット（死者約五〇〇〇人）やスリランカ（死者約三万人）を襲い、四時間後にはインド洋の孤島モルディブ、六時間後にはセイシェルを、八時間後にはマダガスカルを襲った。

次の日の朝刊（図1-8）には、「スマトラ沖地震、死者九二〇〇人」という記事が第一面に踊った。二八日には「死者二万四〇〇〇人」となり、二九日には「五万人を越す」となり、三〇日には「死者八万人に迫る」となったが、年の内にはまだ全貌は見えなかった。年が明けて、一月一日には一二万人、一〇日頃に二〇万人となり、やっと全貌が見えてきた。深刻な被害を受けているところほど情報の発信が難しく、時間が経たないと認識されないというのが大災害の共通の特徴である。

地震や津波による犠牲者の数は、重複を除いて最終的に約一四万人となった。地震からの復興の作業は何年も続いている。

宮城沖地震（三〇年確率九九％）や駿河湾地震（三〇年確率八七％）など、地震学の世界が切迫していると想定している場所には発生しないのに、二一世紀に入って、スマトラ地震、四川地震、岩手宮城内陸地震など、意外な場所を大地震が直撃した。一〇〇〇年の時間スケールで考えれば、自然現象として不思議でも何でもないのだが、人間のライフサイクルである一〇〇年程度の時間スケールで考えると「予想外」であったということができる。

第2章 海溝型地震の危険因子が社会の脆弱性に出会う場所

紀伊半島先端の潮岬（和歌山県東牟婁郡串本町）。

地震危険要因と地震脆弱性

図2-1は、ミュンヘン保険（二〇〇三）によるリスクの国際比較である。「東京・横浜」が際だって大きく、「サンフランシスコ湾エリア」、「大阪・神戸・京都」と続く。「東京・横浜」と「大阪・神戸・京都」のリスクが際だって大きい理由は、次の地震学的危険因子と増幅要因による。

「危険因子一」一〇〇年から二〇〇年に一度の間隔で繰り返す海溝型巨大地震

「危険因子二」数千年に一度の間隔で繰り返して内陸型地震を発生させる数多くの活断層

「増幅要因」二キロメートルから三キロメートルの分厚い軟弱堆積層

しかしながら、被害を拡大するのは、地震学的「危険因子」よりむしろ、人為的因子である地震「脆弱性」である。「脆弱性」の核心は次のように箇条書きできるだろう。

「脆弱性一」スプロール状に拡がる密集市街地

「脆弱性二」老朽化するライフライン

「脆弱性三」乱立する超高層ビル

それに加え、

「脆弱性番外」原子力発電所

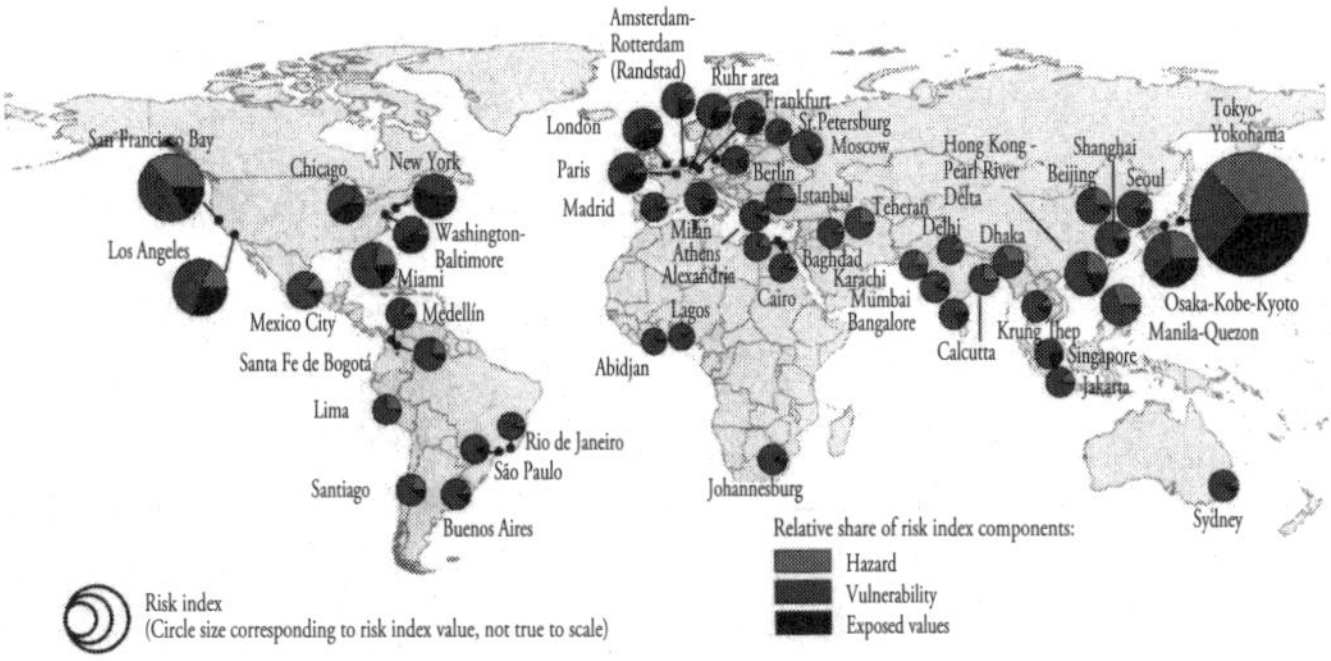

図2−1●ミュンヘン保険によって見積もられた自然災害によるリスクの比較。円が大きいほどリスクが大きい。Munich Re Group (2003) による。

を挙げておこう。

危険因子が社会の脆弱性に出会ったときに災害は生じる。地震が発生しても、社会が脆弱でなければ、災害は発生しない。発生しないという言い方は極端かも知れないが、災害は最小限に抑えられることは確かである。危険因子と脆弱性を合わせたものを「リスク」と呼ぶ。

地震災害による子供や孫の世代の苦しみを最小限に押さえるために考えておかなければならないのは次の（一）から（五）であろう。原理的には単純なことである。

（一）地震動によって倒壊する家屋を最小限に抑え込むにはどうしたらいいのか？

（二）たとえ火災が発生しても、延焼を最小限に抑えるにはどうしたらいいのか？

（三）被災民が避難生活が出来る空間を確保するにはどうしたらいいのか？

被災後の問題として次の二点を挙げることができる。

（四）直ちに被災民に大量の食を供給することが出来るか？
（五）家屋の再建のため木材を継続的に大量に供給することが出来るか？
四川地震の被害に苦しんでいる人々には申し訳ないが、私は、「次の東南海・南海地震を先のことと思っている日本人への警鐘」ではないかと思わずにはいられなかった。以下では、「危険因子」と「地震脆弱性」を基軸に、我々の足下の地震リスクについて順次考えて行きたい。

地震とは何者？

一九〇六年、アメリカ西海岸のサンフランシスコをマグニチード七・九の大地震が襲い、死者約七〇〇人を含む大きな被害を出した。一九二三年には関東大地震が南関東を襲い、主として火災によって一〇万を越える犠牲者を出した。それ以来、「地震の原因は何か？」を巡って長い論争が繰り広げられた。私が高校生であった一九六〇年代前半には、「岩漿爆発説」（地下深部でのマグマの爆発によるというもの）が堂々と教科書に載っていた。

一九六三年に至って、東京大学地震研究所の丸山卓男によって「地震は、断層の突発的な運動によって地震波が放出される現象」であることが数学的・物理的に証明された。これを「地震＝断層滑り説」と呼ぶことにしよう。サンフランシスコ大地震から「地震＝断層説」に至る半世紀の地震学の歴史の中で日本の地震学者が大きな役割を果たした。それを語ればおもしろい科学史になるのだが、この本では言及しない。

一九六八年にはプレート・テクトニクスが登場して、図1－4のような枠組みが地球科学のパラダイム（考え方の基本的枠組み）となった。

時間は飛ぶが、一九九五年兵庫県南部地震以降の地震学の進歩は目覚ましい。アスペリティ、スロー地震、摩擦すべりの摩擦法則を基礎とする数値シミュレーションなど、兵庫県南部地震以前に比べると格段に視界が広がってきたといえよう。地震研究者が突然優秀になったのではない。兵庫県南部地震の教訓を汲んで新たに日本列島に展開された二つの新世代観測網、Hi-net と GEONET（ジオネット、国土地理院のGPS観測網）が、素晴らしいデータを出すようになったからである。

しかし、地震学の進歩が目覚ましいにもかかわらず、現在の時点では、残念ながら、「断層滑りの摩擦法則に基づいた、地震発生に至る物理的プロセスの予測を通した地震予知」は困難である。

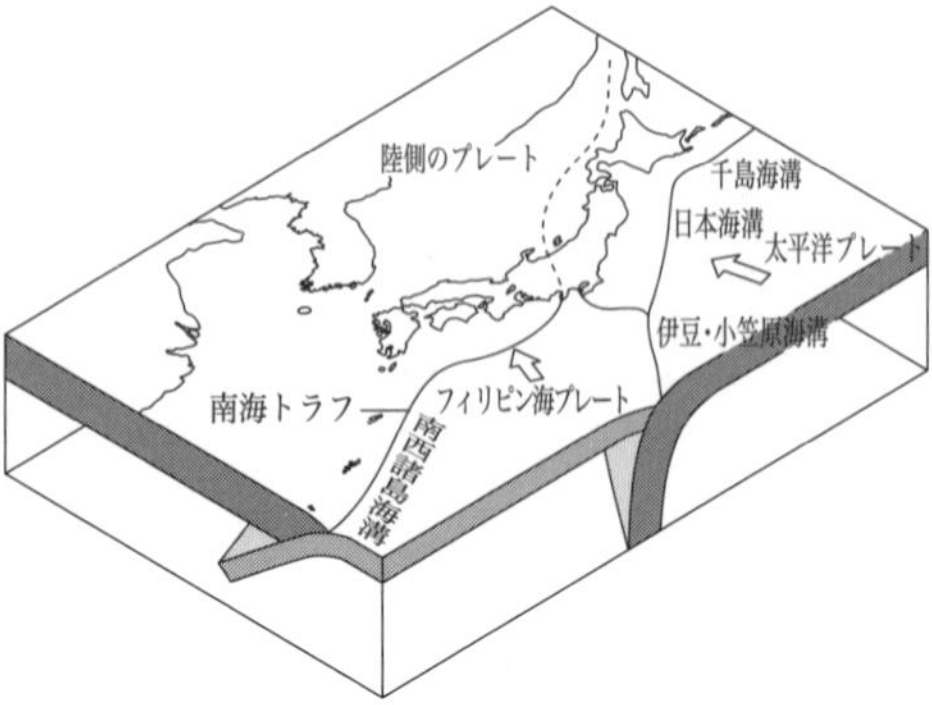

図2-2●フィリピン海プレート上方から眺めた太平洋プレートとフィリピン海プレートの鳥瞰図。

ほぼ百年間隔で繰り返す東南海・南海地震

図2-2を見よう。日本海溝から東北日本の下に沈み込む太平洋プレートと、南海トラフから西南日本の下に沈み込むフィリピン海プレートの鳥瞰図である。

駿河湾の中央部の深海を南西方向に走る海底谷は駿河トラフと呼ばれている。トラフ（trough）の元々の意味は溝であるが、地球科学では深海峡谷と訳す。そこから西に向かい、静岡県沿岸五〇キロメートル沖、紀伊半島と四国の一〇〇キロメートル沖を西南西に走る、深さ二キロメートルほどの海底谷は南海トラフである。ここでは、フィリピン海プレートが、年間三センチメートルから五センチメートルの速度で西南日本の下に、低角で沈み込んで行く。上盤の地殻は、沈み込むプレートによって北西方向に引きずり込まれ、地殻歪みを蓄積させている。それが限界に達し、上盤が南東に向かって一気に跳ね上がるのが、東南海地震や南海地震などの海溝型巨大地震である。

図2−3は、過去一四〇〇年間に南海トラフで発生した、巨大地震の時系列である。

一九四四年一二月七日、紀伊半島沖の熊野灘から遠州灘（図のC＋D）でマグニチュード七・九の昭和東南海地震が発生した。その直後に西南日本一帯は激烈な地震動に襲われ、濃尾平野は大きな被害を受けた。日本はアジア・太平洋戦争のただ中にあり、敗戦の色濃い時期であった。戦闘機などを製造していた航空機産業は濃尾平野に集中していたが、地震によって大きな打撃を受け、そのため敗戦が早まったと言われている。地震発生一〇分から三〇分後には波高五メートル以上の津波が沿岸部一帯を襲い、ほぼ一二〇〇人の死者を出した。

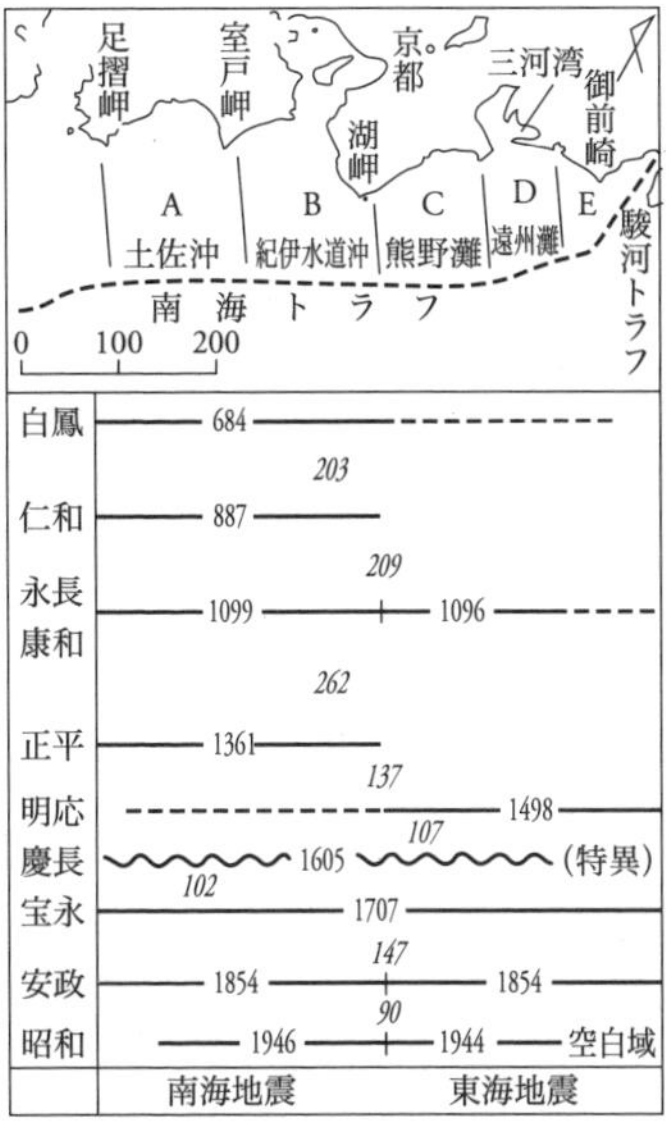

図2−3●過去1400年間に南海トラフで発生した巨大地震の時系列。石橋（1994）による。

二年後の一九四六年一二月二一日、紀伊半島南端の潮岬沖から四国沖（A＋B）でマグニチュード八・〇の昭和南海地震が発生した。敗戦後の復興に人々が苦しんでいた最中、紀伊半島西岸部から四国沿岸部に五メートルを越す津波が押し寄せ、一三〇〇人を越す犠牲者を出した。

それより九〇年前、一八五四年一二月二三日（安政元年一一月四日）には、紀伊半島沖から東海沖、駿河湾にかけて（C＋D＋E）マグニチュード八・四の安政東海地震が発生し、次の日（ほぼ三〇時間後）には紀伊半島沖から四国沖にかけて（A＋B）マグニチュード八・四の安政南海地震が発生した。このときは、両方で一万人を越える死者を出している。

一七〇七年一〇月二八日（宝永四年一〇月四日）には、東は駿河湾から西は四国沖まで東西五〇〇キロメートルに及ぶプレート境界面（A＋B＋C＋D＋E）が一気に破壊した宝永地震（マグニチュード八・六）が発生した。西南日本の太平洋沿岸部を最大一〇メートルの大津波が襲い、二万人を越える死者を出した。日本の歴史上最大級の地震であった。

宝永の地震より以前にも、慶長（一六〇五）、明応（一四九八）、正平（一三六一）、永長（一〇九六）・康和（一〇九九）、仁和（八八七）、白鳳（六八四）と、南海トラフの海溝型巨大地震の歴史を遡ることができるが、このうち、正平（一三六一）、白鳳（六八四）、宝永（一七〇七）が超巨大地震と考えられている。まとめると、南海トラフでは、「三五〇年から七〇〇年程度に一度の割でマグニチュード八・五クラスの超巨大地震が発生」し、その間に、「一〇〇年から一五〇年の間隔で、マグニチュード八クラスの巨大地震が発生」する。別の言い方をすると、A、B、C、D、Eで個別的に地震が発生するとマグニチュード八前後、AからEまでが一気に破壊するとマグニチュード八・六前後と言える。

このような歴史を元に、二〇〇八年を起点として、次回の地震が三〇年以内に発生する確率（三〇年確率）を評価したのが図2-4である。南海地震の三〇年確率はほぼ五〇%、東南海地震はほぼ六〇%から七〇%である。この確率は年々上昇していく。

宝永地震の時には駿河湾から四国沖まで「一気に」破壊したが、安政の場合には「三〇時間の間隔で」破壊し、昭和の場合は「二年を隔てて」破壊した。いずれも「東海沖が先で、南海沖が後」である。何故破壊のたびに東海沖と南海沖の破壊の時間間隔が異なるのか？　何故、常に東海沖が先なのか？　科学としては興味深い課題であるし、それすら理解できなくては、次の東南海・南海地震の予知は難しい。仮説はあるが、確実なことは分からない。

なお、この本では、地震が発生したことを指して、「断層が破壊した」という表現をすることがある。「破壊」という言葉が日本人には奇異に響く。「破壊」の元の英語は rupture で、これは紙を「裂く」という意味合いが強い。一方、訳語の「破壊」には豆腐を上から押しつぶすようなニュアンスがある。英語国民には分かりやすいのだが、日本人には奇異感は避けられない。

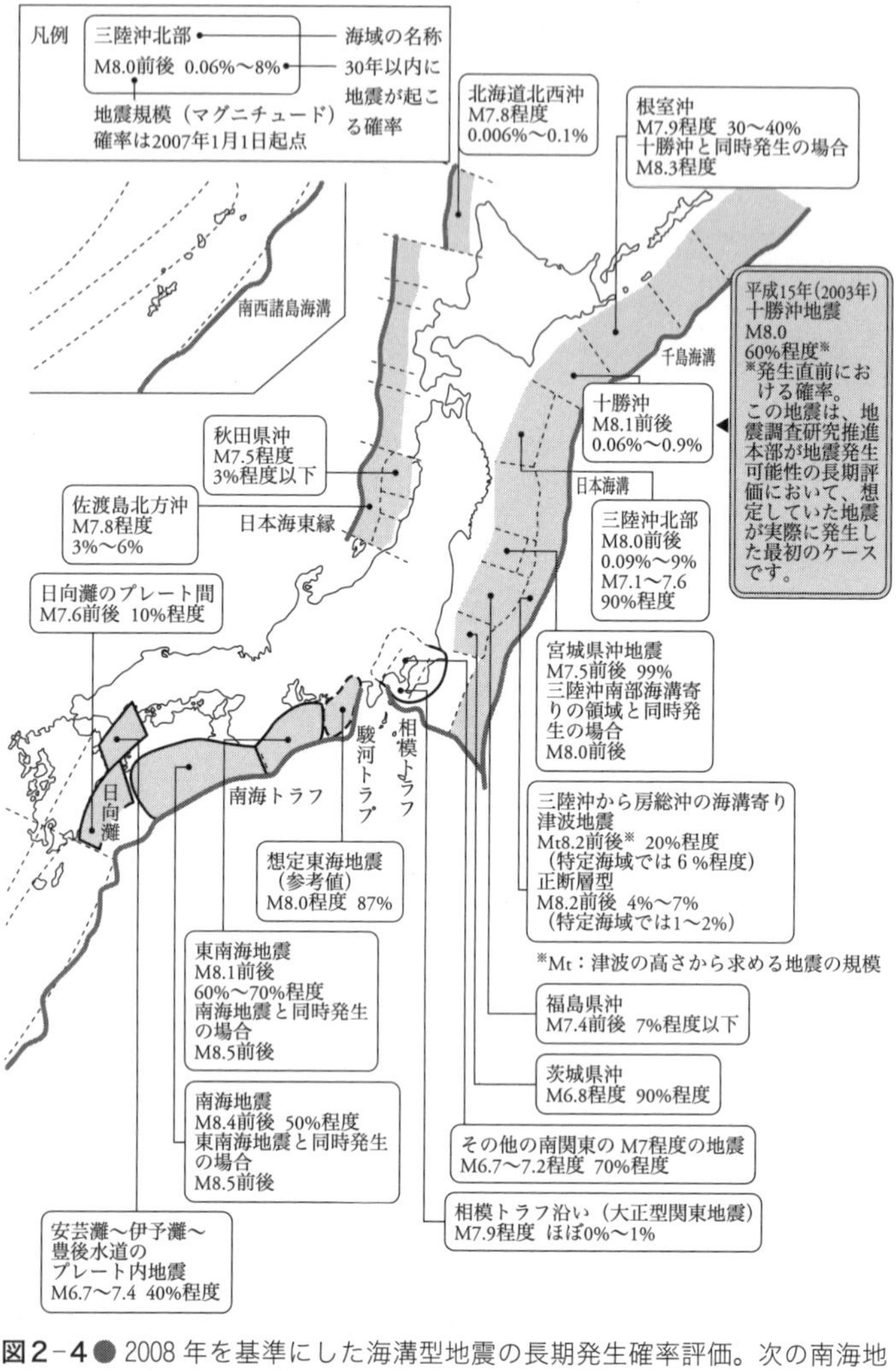

図2-4● 2008年を基準にした海溝型地震の長期発生確率評価。次の南海地震の30年確率はほぼ50%、東南海地震はほぼ60%から70%。地震調査委員会（2008）による。

●海溝型地震の長期評価と被害想定

数千年間隔で同じ活断層で繰り返す内陸型地震と百年間隔で繰り返す海溝型巨大地震を別々に考えると分かりにくいので、両方の発生確率を総合的に考えることにしよう。図2-5は、内陸型地震と海溝型巨大地震の両方によって、今後三〇年のあいだに震度六弱以上の揺れに見舞われる確率を示している。なお、震度六弱は、木造建物の場合、「耐震性の低い住宅では倒壊するものがある」とされている。老朽住宅密集市街地や木造住宅密集市街地では大災害になる可能性もあるレベルである。

図2-6には、図2-5の震度六弱に襲われる確率に対する、主要活断層で起きる内陸型地震の影響度と南海トラフの巨大地震の影響度の割合が示されている。西南日本の沿岸部と濃尾平野では、南海トラフの巨大地震の影響度の方が圧倒的に大きい。

近畿地方には、養老断層、鈴鹿西縁断層、琵琶湖西岸断層、上町断層，奈良盆地東縁断層など活動的な活断層が多く存在する。しかし、図2-6に示されている影響度を考えれば、現時点では、三〇年後に起こるプレート境界型の東南海・南海地震を仮想敵とする方が実際的だと言えよう。なお、この本では、しばしば「三〇年後の東南海・南海地震」という表現をするが、それは、地震調査委員会（二〇〇八）による発生確率がほぼ三〇年後に五〇％を越えるという意味である。

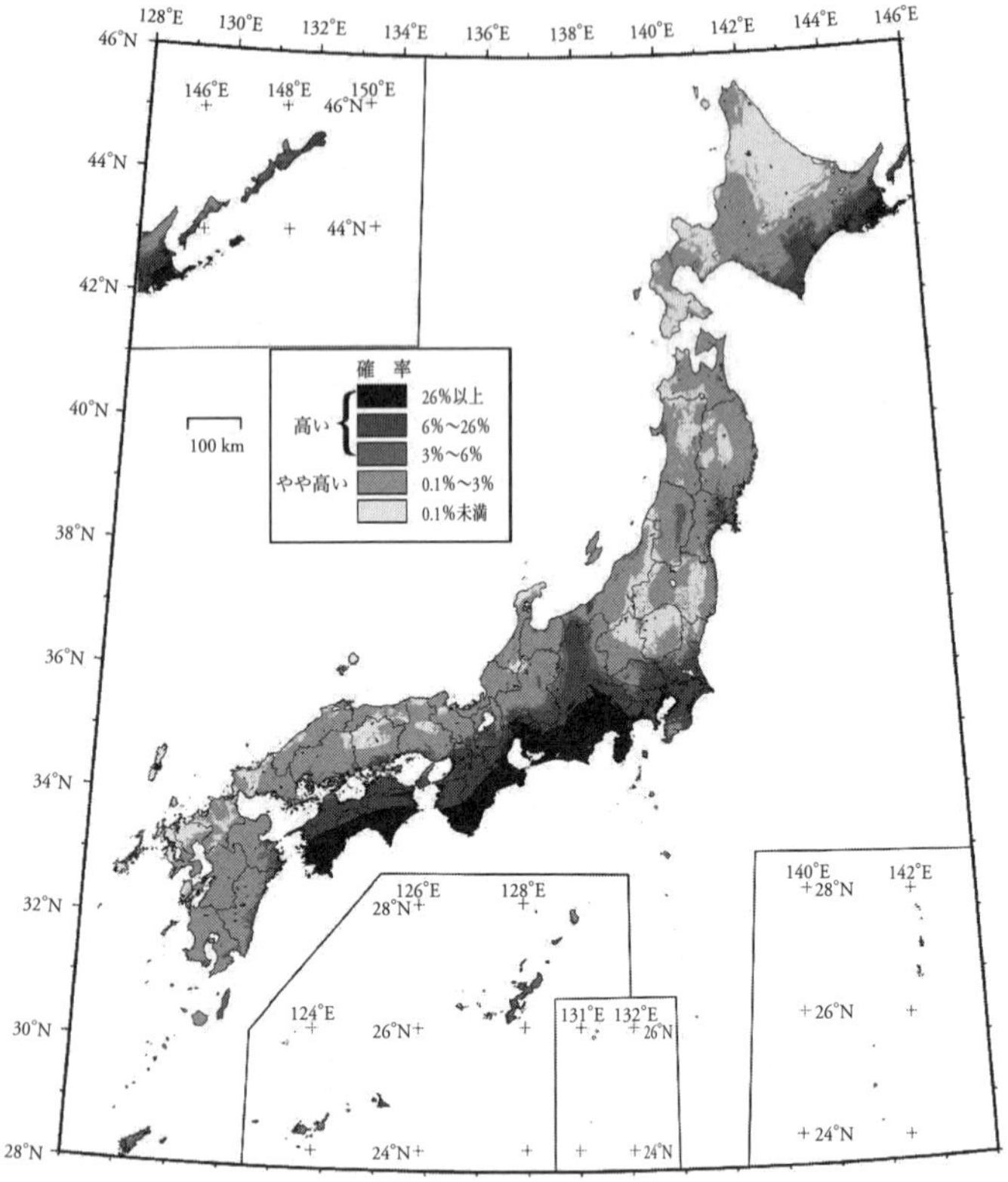

図2−5●震度6弱以上の揺れに30年以内に襲われる確率。地震調査委員会(2007)による。

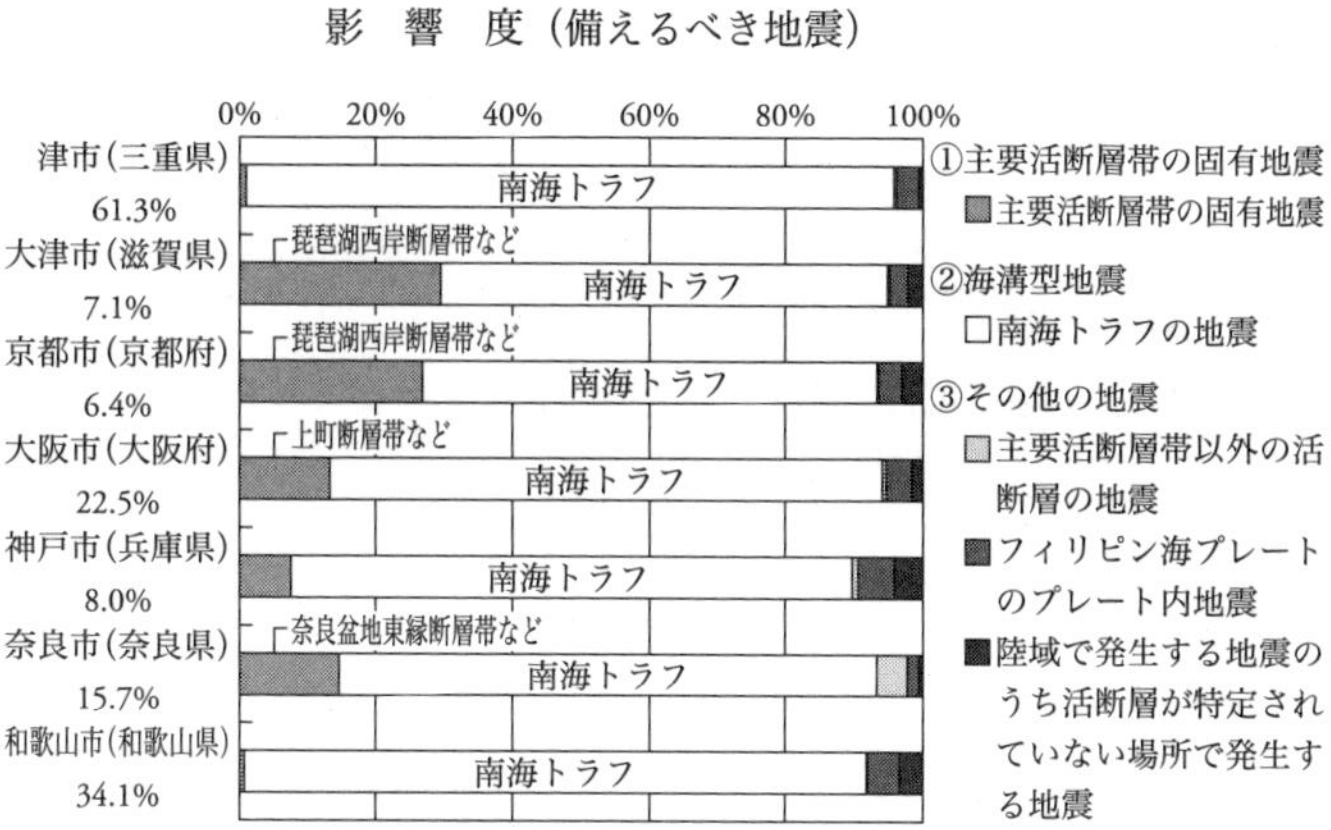

今後30年以内に震度6弱以上の揺れをもたらす可能性のある地震の影響度（近畿・山陰地方）

図2-6●図2-5の確率のうち、主要活断層で起きる内陸型地震の影響度と南海トラフの巨大地震の影響度の比較。地震調査委員会（2007）による。

図2−7は、一七〇七年宝永型の超巨大地震が発生した場合の、西日本一帯の予測震度と予測津波波高である。濃尾平野一帯では震度六弱、特に地盤が悪い名古屋市臨海部や、知多半島など伊勢湾の沿岸部から静岡県の平野部一帯では震度六強になる。震度六強は、木造建物の場合、「耐震性の低い住宅では倒壊するものが多い」とされている。老朽住宅密集市街地や、地盤の悪い場所に作られた木造住宅密集市街地などでは、建物の倒壊や火災などによって甚大な被害が出る恐れがある。

中央防災会議の被害想定（二〇〇三）では、宝永型の超巨大地震が発生した場合、全壊家屋九六万戸（そのうち火災によるものは四七万戸）、死者二万八〇〇〇人、避難生

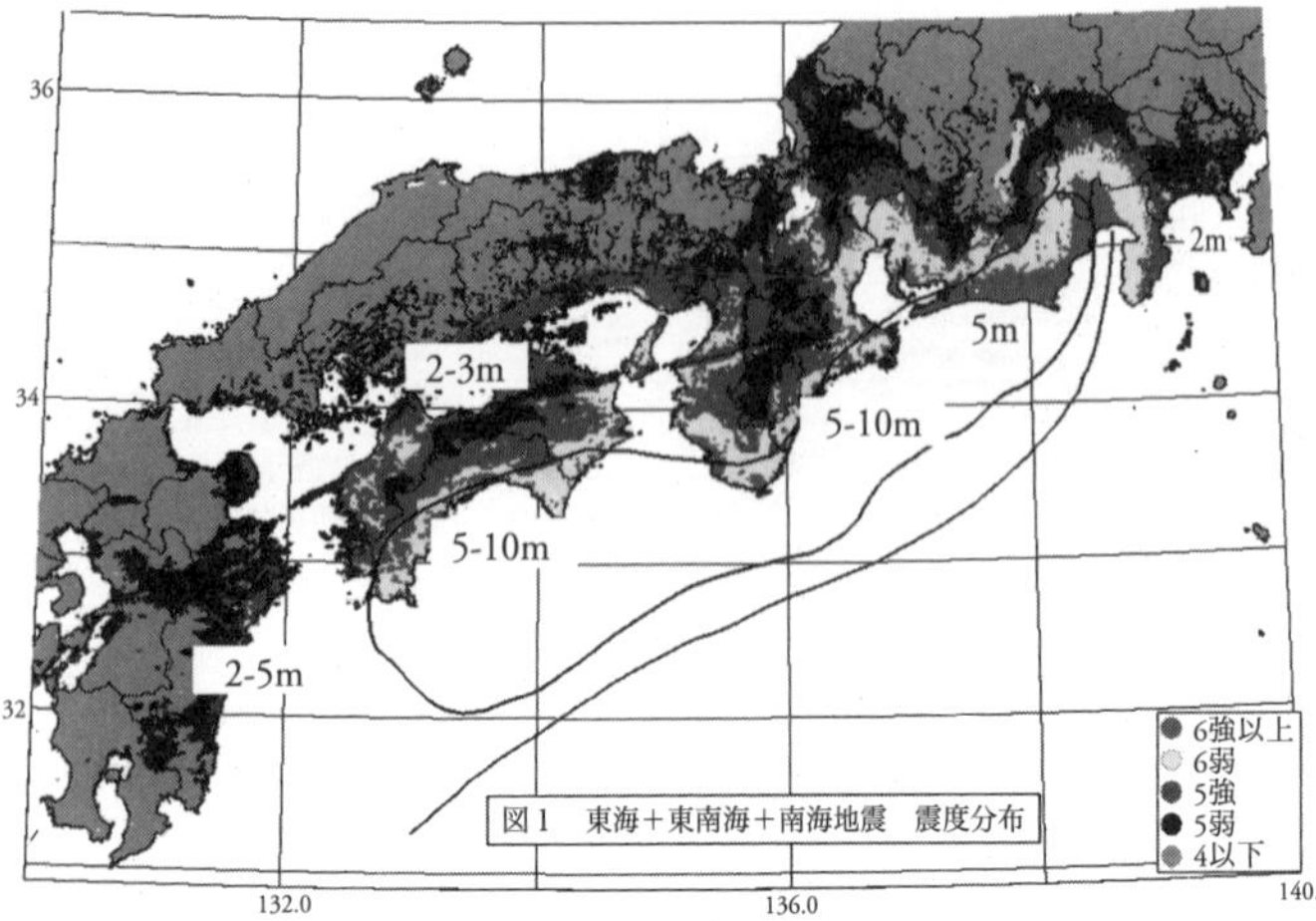

図2－7● 1707 年宝永型の超巨大地震が発生した場合の、西南日本一帯の予測震度と予測津波波高。中央防災会議（2003）に加筆。

活者数は五〇〇万人と予想されている。

愛知県（二〇〇三）の地震被害想定では、宝永型の超巨大地震が発生した場合、県内で死者二四〇〇人、全壊一〇万戸、避難生活者数七八万人とされている。静岡県、三重県、和歌山県、高知県でも、一〇〇〇人近い死者と、五万戸から一〇万戸の全壊家屋の被害が出ると想定されている。

阪神淡路大震災の時には数日も待てば救援が来た。しかし、次の東南海・南海地震のときには、被災地は西日本全域にわたるので、多くの場所では何週間も救援は来ない。都会では何週間も大量の路上生活者が出て、悪くすると餓死者と疫病死者が大量にでるかもしれないと危惧されている。

大阪府（二〇〇六）の地震被害想定では、宝永型の超巨大地震が発生した場合、府下では、死者二四〇〇人、全壊二万二〇〇〇戸、半壊四万八〇

○○戸、避難生活者数七万五〇〇〇人とされている。大阪平野一帯で予想震度五強、地盤の悪い場所では六弱である。しかし、一七〇七年宝永地震の時には、図2-8に示すように、大阪市内の御堂筋より大阪湾側と、生駒山寄りの野崎、久宝寺、柏原、富田林などでは震度六強であった（都司、二〇〇七）。現在では、江戸時代には沼地や低湿地であった地盤の悪い場所にまで住宅地が拡がっているので、大阪平野全体で震度六強と想定しておいた方がよいであろう。大阪府の地震被害想定は、大阪平野に住む人々に油断を生じさせているように思われる。

そもそも、このような被害想定には、報告書にも書かれているように、超高層ビル（高さ六〇メートル以上のビル）の長周期地震動による被害、鉄道の衝突事故、映画館や百貨店など多数の人が集まる施設での火災などの、定量的な予測が困難な要素は

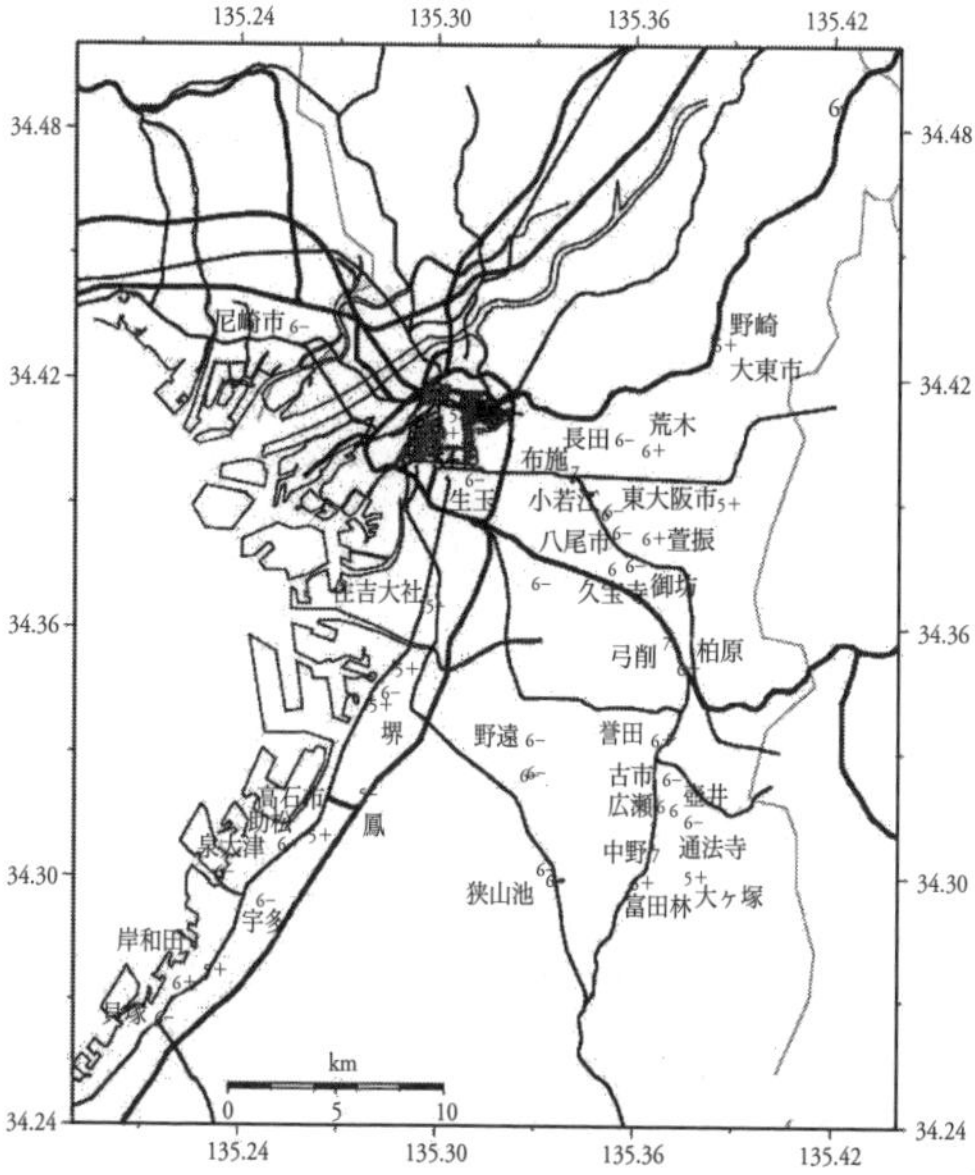

図2-8●1707年宝永地震の時の大阪平野一帯の震度分布。都司（2007）による。

含まれていない。また、発生する火災数は倒壊家屋数に比例すると仮定されているが、倒壊しなくても、家が大きく揺さぶられると、ガスの引き込み管が壊れて漏れたガスに火が着くなどして火災は起こる。このような要素も予測には含まれていない。したがって、多くの場合、被害想定は現実に生じる被害の下限と考えた方がよい。

また、一九九五年阪神淡路大震災の時に起こらなかったので、多くの国民にとっては予想外と受け取られがちであるが、強震動でコントロールを失った事故で車に火が付き、ガソリンタンクが爆発し、そのため次々に隣の車に燃え移り、渋滞している道路にそって大都市全体に爆発的に火災が拡大するのが最悪のシナリオもありうる。日本が車社会に突入した高度成長期以降、大都市直下で昼間に地震が発生したことがなく、定量的予測がむつかしいので、どの被害想定にも含まれていない。

南関東における足下の地震リスク

関東では事情は相当異なる。ここでは、一七〇三年元禄地震（M七・九〜八・二）、一八五五年安政江戸地震（M七・〇〜七・一）、一九二三年関東大地震（M七・九）などによって一〇〇年に一度程度の間隔で、数千人から一〇万人の犠牲者を出す甚大な被害を受けてきた。特に関東大地震では一〇万人

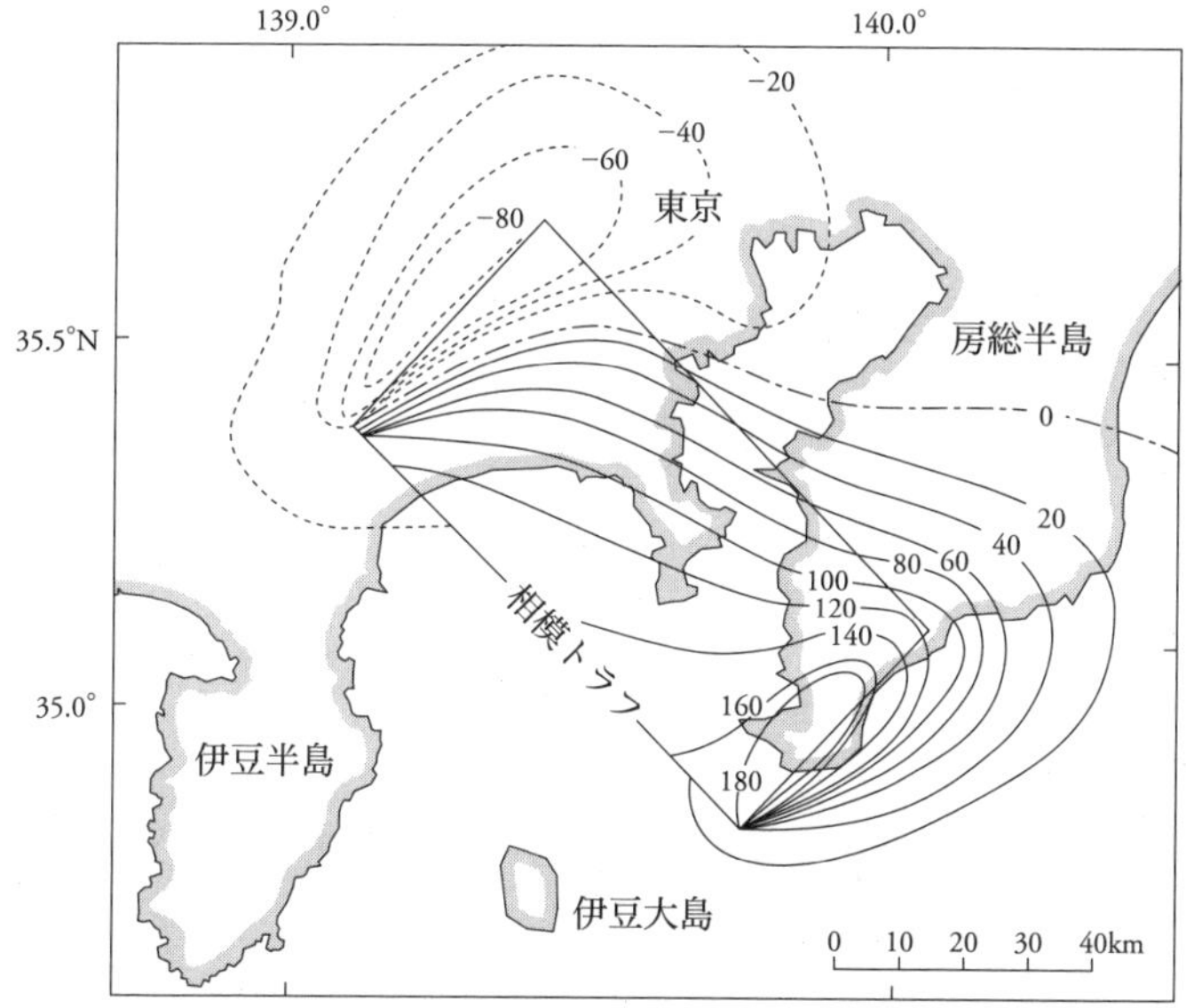

図2−9● 1923年関東大地震の地震断層モデル。図の中心の四角が地震断層の地表への投影。断層面の南西辺が相模トラフとほぼ一致する。波線コンターは地震モデルによる地殻変動上下動で、地震に伴って生じた地殻変動と調和的であることが分かっている。Ando (1974) による。

の犠牲者を出した。

プレート・テクトニクス登場以前は、このような巨大地震がどのようなメカニズムで起こるのかさっぱり分からなかった。一九七二年、金森博雄と安藤雅孝（当時、東京大学地震研究所）によって、プレート・テクトニクスの枠組みの中で、図2-9のような関東大地震の地震断層モデルが提出され、学界に大きなインパクトを与えた。プレート・テクトニクスが当たり前になってしまった今では、このインパクトが如何に大きかったか、想像することさえむつかしいかもしれない。

相模トラフでは、フィリピン海プレートが北の方向に向かって、年間約三センチメートルの速度で関東平野の下に沈み込んでいく。関東大地震の地震断層は沈み込んで行くプレートの境界面上にあり、地震断層のサイズは、相模トラフにそって（北西―南東）ほぼ一三〇キロメートル、それに直交する北東―南西の方向にほぼ七〇キロメートル（図2-9のブロックの斜め断面の全域）、地震時滑りの大きさは三メートルから五メートルである。地震断層の下端は、神奈川県と東京都の境界部あたり、深さ三〇キロメートルに達している。巨大地震の地震断層の下端が巨大大都市の足下に迫っているのである。そのため、神奈川県南半分（兵庫県南部地震の震度七域の一〇倍の面積）で震度七であった。

今後のことを考えるとき、一九二三年の巨大地震の再来が一番気になるところであるが、再来期間は二二〇年前後（一七〇三年元禄地震と一九二三年関東大地震の間隔）と見積もられている。長期評価では、三〇年確率は〇〜〇・九％、五〇年確率は〇〜五％である。二一四三年（一九二三年の二二〇年後）に向けて、今後、三〇年確率は一方的に上昇していく。

現在の時点では、図2-10に示されているように、南関東に及ぼす影響は、「フィリピン海プレート境界面やプレート内で発生するマグニチュード七程度の地震」によるものと、遠く南海トラフの巨大地震によるものがほぼ半分ずつである。「フィリピン海プレート境界面やプレート内で発生するマグニチュード七程度の地震」という表現は分かりにくいが、江戸の下町を焼き払った一八五五年の安政の江戸地震（M七・〇〜七・一）や、一八九四年の東京湾北部地震（M七・〇）のことである。これら

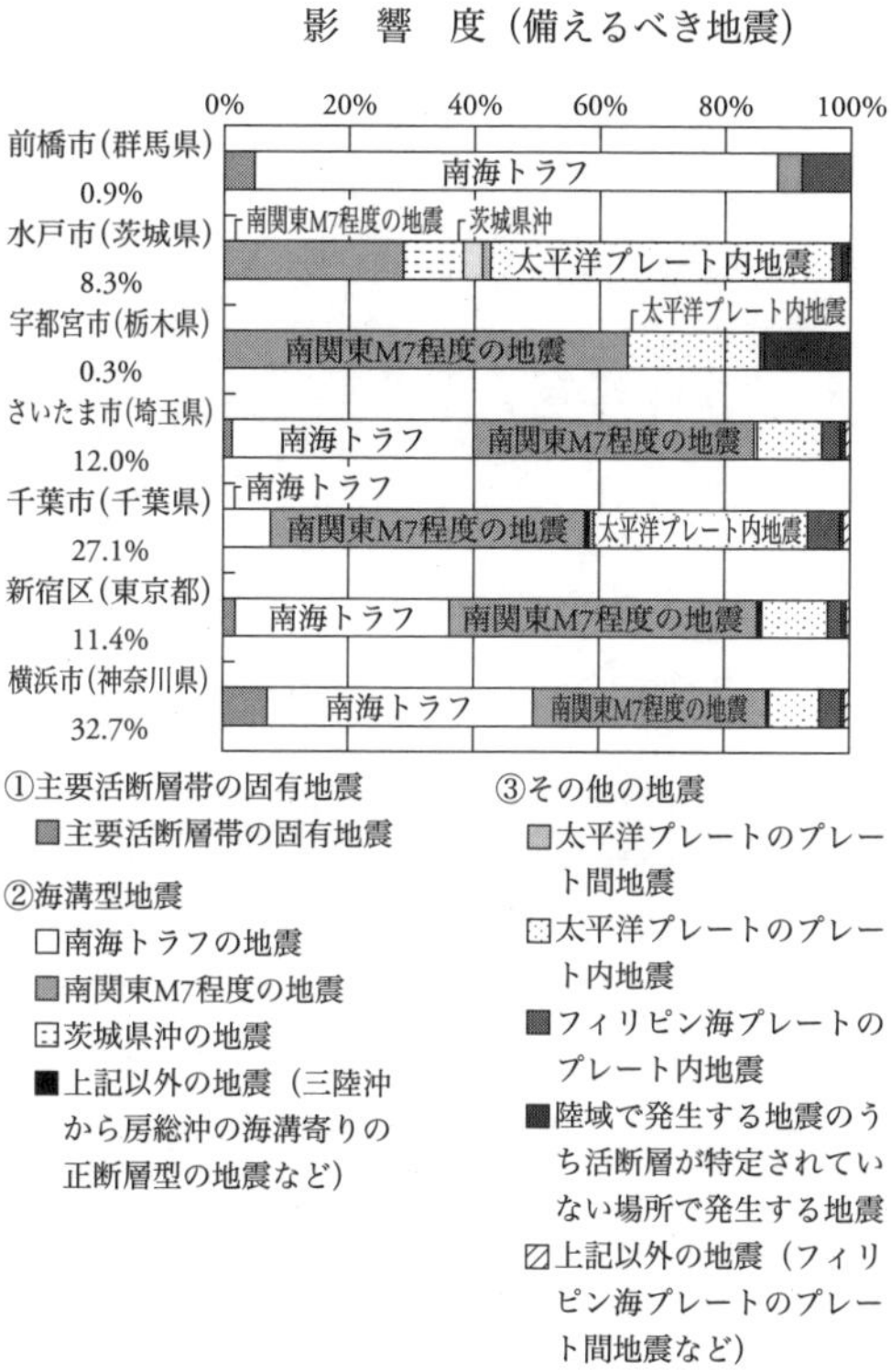

図2-10●関東における影響度。南海トラフの巨大地震によるものと、相模トラフから関東平野の下に低角で沈み込んでいくフィリピン海プレート境界面やプレート内で発生する「マグニチュード７程度の地震」によるものがほぼ半分ずつである。地震調査委員会（2007）による。

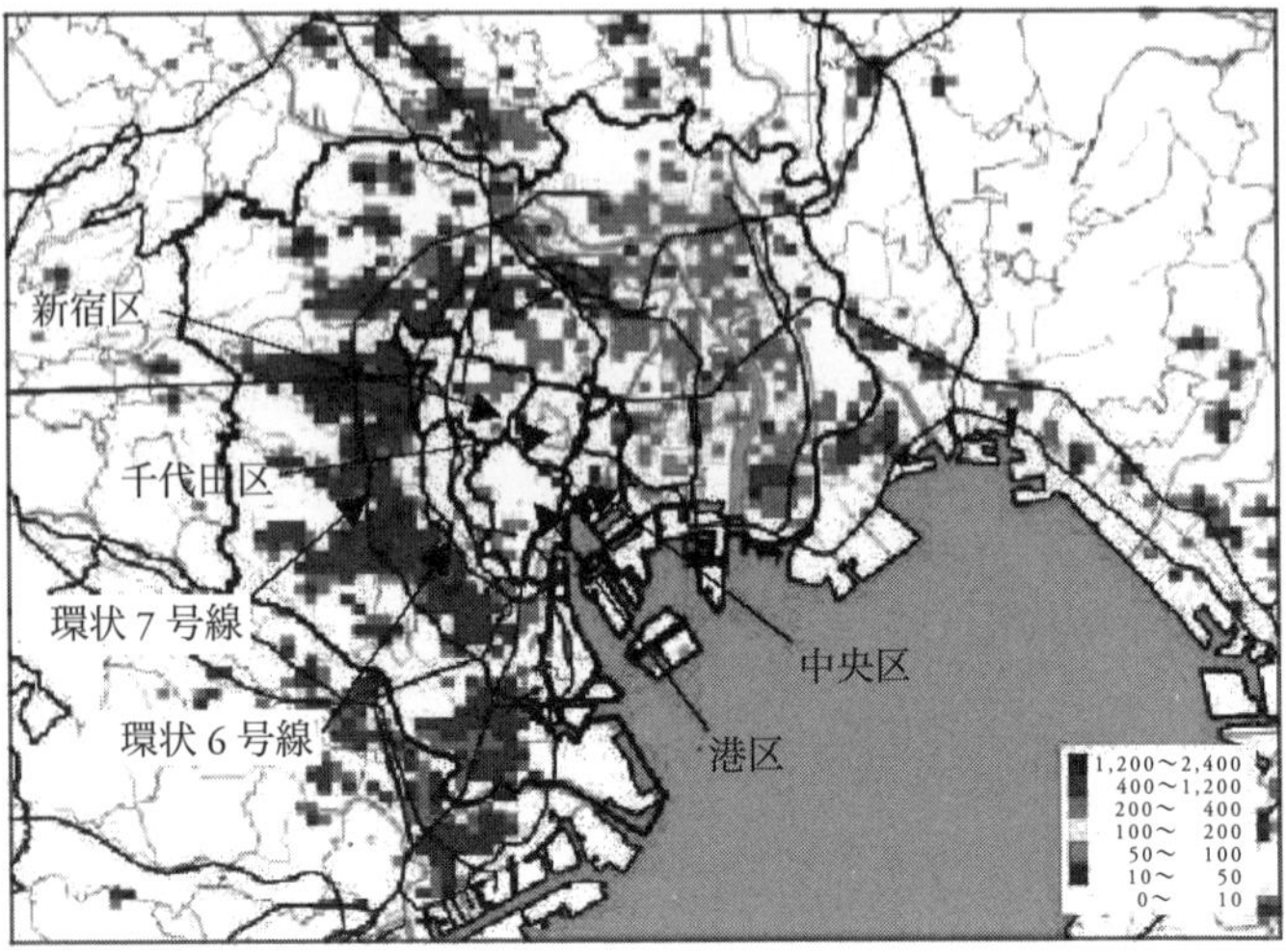

図2-11●マグニチュード 7.3 の想定東京湾北部地震が冬の平日の夕刻に発生した場合の単位面積当たりの焼失棟数。中央防災会議（2004）による。

の地震を総合した首都圏におけるマグニチュード七クラスの地震の三〇年確率は七〇%、五〇年確率は九〇%と見積もられている。

　中央防災会議の被害想定（二〇〇四）によると、マグニチュード七・三の東京湾北部地震が冬の平日の夕刻に発生した場合、焼失家屋の分布は図2-11のようになり、家屋倒壊による死者ほぼ三〇〇〇人、火災による死者ほぼ六〇〇〇人、他の因子による死者を含めて全体で死者一万一〇〇〇人、全壊・焼失家屋八五万棟、発生瓦礫一億トンと予想されている。火災の発生数は、環状六号線（山手通）と環状七号線の周辺で特に多い。

　以上が、関西圏や首都圏における、海溝型地震による足下の地震リスクのあらましである。

第3章 内陸型地震リスクを実感する

1995年阪神淡路大震災の時に倒壊した阪神高速道路。澤田純男（京都大学防災研究所）による。

活断層とは何者？

今ではすっかり有名になってしまったが、「活断層」とはいったい何者なのだろうか？

まず最初に確認しておきたい。「活断層」と呼ばれるのは、航空写真などによる地形の解析、特徴的な地層露頭の現地調査、断層発掘調査など、地形学的・地質学的手法で、最近数万年に地震が発生した実証的証拠が存在する断層に限られる。一方、地震を起こした断層は「地震断層」と呼ばれる。活断層の定義が厳格なので、地表に対応する明確な断層が地表に現れなかった一九四八年福井地震（M七・一）や二〇〇〇年鳥取県西部地震（M七・二）などの地震断層は活断層ではない。そこまで厳格でなくても良いような気もするのだが、科学には厳格な自己抑制が成果につながるという側面があり、科学としては重要なのである。とはいえ、地震断層が活断層でないことは、一般の人々ばかりでなく、しばしば専門家すら混乱させる。地震断層と活断層を包括する、より広い概念が必要なのであろう。

活断層における内陸型地震の発生確率の長期評価は、主として、活断層における「地震発生間隔」と「もっとも最新の地震が発生した年代」との関係による。たとえば、三〇〇〇年間隔で地震が発生する活断層で、最近五〇〇〇年以内に地震が発生したとしたら、「次に地震が発生するまで二五〇〇年以上はあるだろう、したがって、近い将来にその活断層で地震が発生する確率は小さい」ということになる。逆に最新の地震が二〇〇〇年より古いと、「近い将来に、この活断層で地震が発生する確率は高い」と判断する。

見たこともないのに、地震発生間隔が三〇〇〇年だとか、最新の地震が二〇〇〇年前だとか、どうして分かるのだろうか。

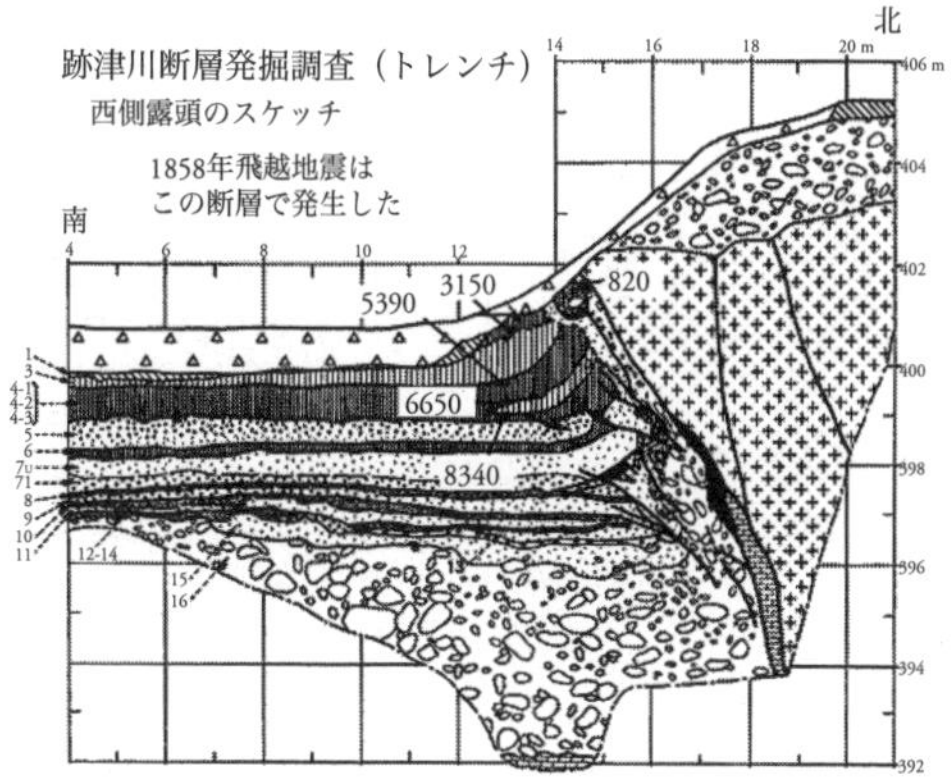

図3-1●跡津川断層（岐阜県飛騨市）の発掘調査で露出された断層面のスケッチ。矢印のところにレンズ状の地層が存在する。数値は放射年代。跡津川断層発掘調査団（1983）による。

研究手法の例を示そう。断層の発掘調査では、断層に直交して深さ数メートル、幅数メートル、長さ一〇メートルに及ぶ溝を掘り、断層面を挟む地層を露出させる。露出された横断面の断層近くには、しばしば、図3-1のように、レンズ状の崖崩れ堆積物の地層が存在する。

地震が発生して時間が経つと、図3-2の（A）の様に地表に堆積層ができる。地震が発生し（B）、上盤側の堆積層が崩落すると下盤側に崖崩れ堆積物がたまる（C）。しばらく平穏な時期が続くと再び地表を堆積層が覆う（D）。地震が発

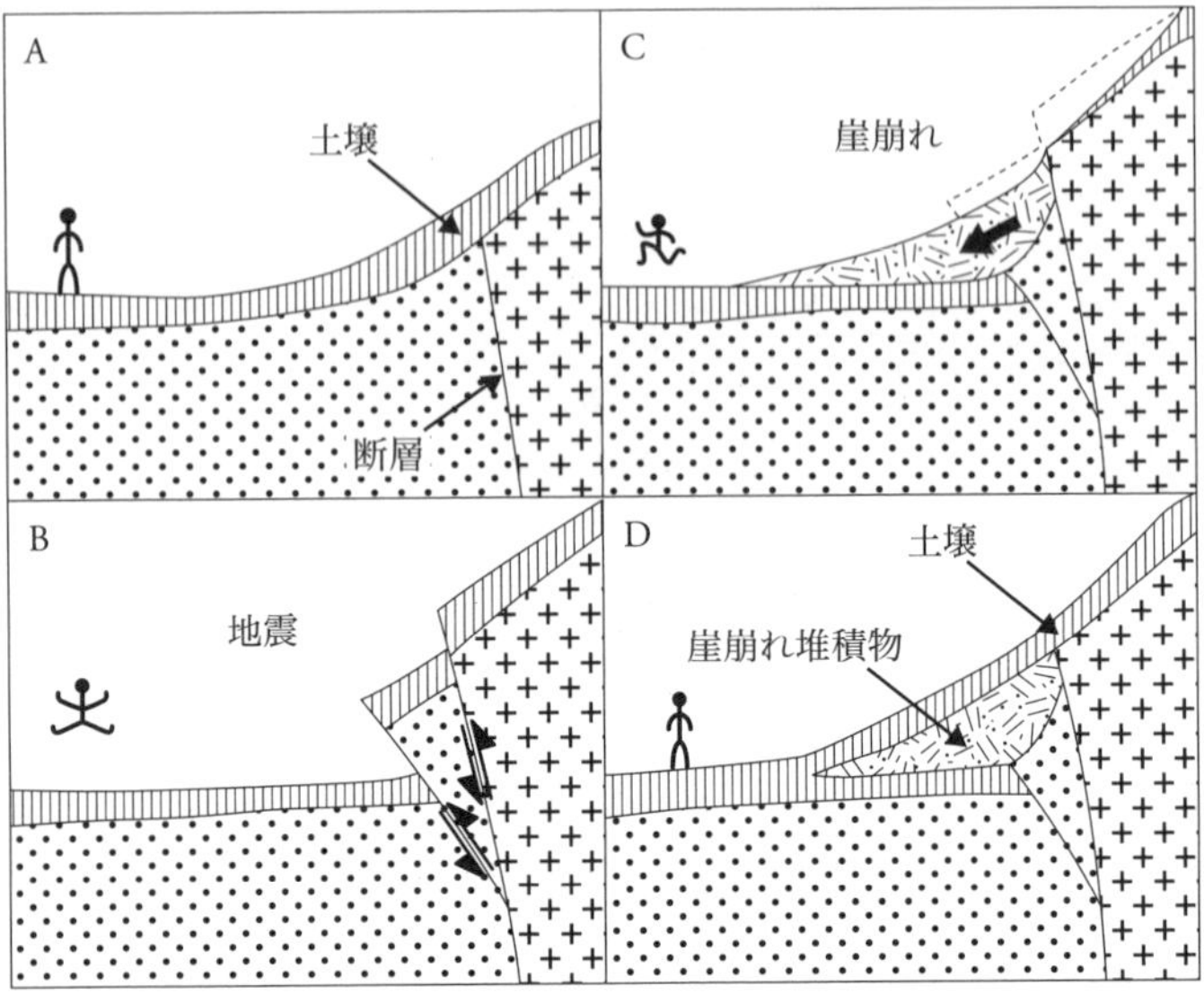

図3−2●レンズ状の地層の成因。A：地表に土壌堆積層ができる。B：地震が発生。C：上盤側の土壌が崩落して下盤側にレンズ状の崖崩れ堆積層ができる。D：しばらく平穏な時期が続くと再び地表が新たな土壌堆積層で覆われる。跡津川断層発掘調査団（1983）による。

生（B）するとまた崖崩れ堆積物がたまる（C）。このような崖崩れ堆積物が、図3−1のレンズ状崖崩れ堆積層の正体である。崖崩れ堆積層の中から木片が見つかれば、炭素の同位体比からおよその地震発生時期が分かる。それが、図3−1に書き込まれた数値である。考古学的に年代が推定できる土器の破片などが見つかれば貴重な資料になる。

別の種類の証拠として液状化痕跡がある。強く揺さぶられると、水を含んだ軟弱地盤では、地下で液状化が起こり、噴砂が地表に流れ出す。考古遺跡の発掘が行われると、しばしば、発掘穴の壁面に縦割れ目と先端の噴砂の水平層の組み合わせからなるキノコ状の砂層がみられる。過去の大地震の痕跡である。この地震の年代は、噴砂の水平層の上の地層と下の地層の年代の間である。それは地震の発生時期を示す。このような学問は地震考古学と呼ばれている（『地震考古学』寒川旭、中公新書、一九九二）。

とはいえ、必ずレンズ状の地層ができるわけでもないし、必ず液状化の痕跡が見つかる訳でもない。その場合は、火山灰層や他の地層の微妙なずれ具合など多くの証拠を総合的に考慮して年代を判断する。

ただし、一九六一年北美濃地震（M七・〇）の鳩ヶ湯断層（福井県大野市）や、一九九五年兵庫県南部地震（M七・三）の六甲山断層系のように、地表に明瞭な活断層があるのだが、どういうわけか、地震断層が地表の活断層まで突き抜けず、活断層の活動としての痕跡を残さなかった事例も多い。このことからは、断層発掘調査は地震を捉え損ねている場合が少なくないことも分かる。

これらの例から、相当の誤差が付き物であるとは言え、三〇〇〇年前とか、二〇〇〇年前とか、誰も見たこともない年代に、意外と実証的な根拠があることがわかる。相当の誤差を含むとは言え、たくみに過去の活動を知る知恵は「自然科学の知」とすら言うことができる。私はこうした研究手法を見いだした研究者達を尊敬してやまない。

活断層の長期評価

文部科学省には行政の責任者達による地震調査研究推進本部があり、その下に、研究者による「地震調査委員会」がある。内閣府のもとには「中央防災会議」があり、国土交通省の国土地理院は「地震予知連絡会」を所轄している。地震に関する政府組織は多いが、これらが最も主要なものであろう。これらの組織からは様々な成果が発表されるが、その中身は地震学、測地学、活断層学などの地震関連分野から委員となっている研究者が担っているので、実質的には、これらの研究分野の成果であり、責任であると見なしてよい。

一九九五年兵庫県南部地震のあと、活断層調査が精力的に行われ、以前に比べるとはるかに多くの実証的データが蓄積された。図3-3は、そのようなデータに基づき、地震調査委員会（二〇〇八）によって求められた、主要活断層における内陸型地震の今後三〇年間の発生確率である。発生確率が特に高く、用心が必要な活断層として次の活断層を列挙することができる。

糸魚川-静岡構造線断層帯（一四%、M八程度、長野県、山梨県、静岡県）

富士川河口断層帯（〇・二%〜一一%、M八程度、静岡県）

神縄・国府津-松田断層帯（〇・二%〜一六%、M七・五、神奈川県）

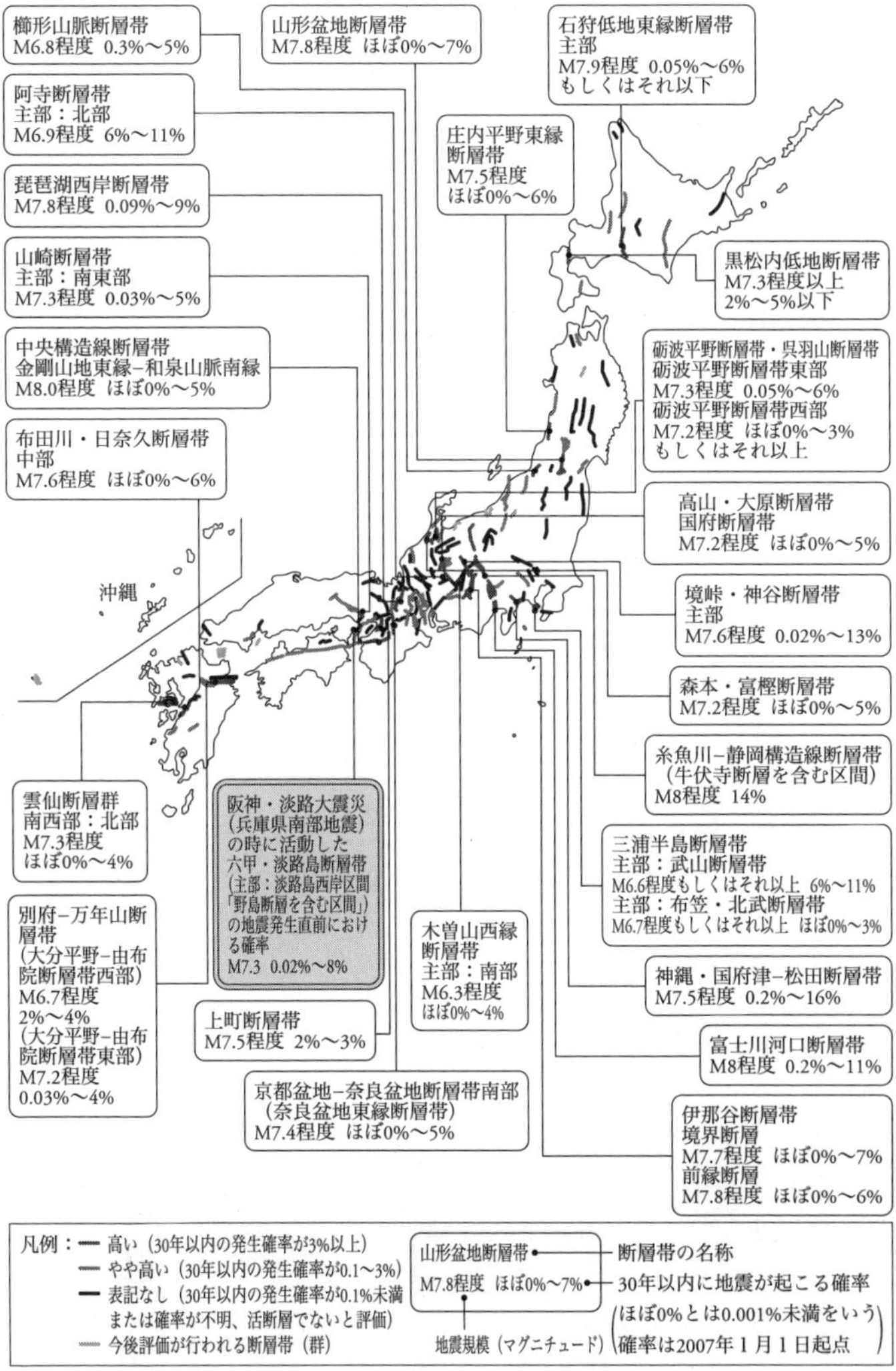

櫛形山脈断層帯
M6.8程度 0.3%〜5%
阿寺断層帯
主部：北部
M6.9程度 6%〜11%
琵琶湖西岸断層帯
M7.8程度 0.09%〜9%
山崎断層帯
主部：南東部
M7.3程度 0.03%〜5%
中央構造線断層帯
金剛山地東縁−和泉山脈南縁
M8.0程度 ほぼ0%〜5%
布田川・日奈久断層帯
中部
M7.6程度 ほぼ0%〜6%
沖縄
雲仙断層群
南西部：北部
M7.3程度
ほぼ0%〜4%
別府−万年山断層帯
（大分平野−由布院断層帯西部）
M6.7程度
2%〜4%
（大分平野−由布院断層帯東部）
M7.2程度
0.03%〜4%
阪神・淡路大震災（兵庫県南部地震）の時に活動した六甲・淡路島断層帯（主部：淡路島西岸区間「野島断層を含む区間」）の地震発生直前における確率
M7.3 0.02%〜8%
上町断層帯
M7.5程度 2%〜3%
京都盆地−奈良盆地断層帯南部
（奈良盆地東縁断層帯）
M7.4程度 ほぼ0%〜5%
木曽山西縁断層帯
主部：南部
M6.3程度
ほぼ0%〜4%
山形盆地断層帯
M7.8程度 ほぼ0%〜7%
庄内平野東縁断層帯
M7.5程度
ほぼ0%〜6%
石狩低地東縁断層帯
主部
M7.9程度 0.05%〜6%
もしくはそれ以下
黒松内低地断層帯
M7.3程度以上
2%〜5%以下
砺波平野断層帯・呉羽山断層帯
砺波平野断層帯東部
M7.3程度 0.05%〜6%
砺波平野断層帯西部
M7.2程度 ほぼ0%〜3%
もしくはそれ以上
高山・大原断層帯
国府断層帯
M7.2程度 ほぼ0%〜5%
境峠・神谷断層帯
主部
M7.6程度 0.02%〜13%
森本・富樫断層帯
M7.2程度 ほぼ0%〜5%
糸魚川−静岡構造線断層帯
（牛伏寺断層を含む区間）
M8程度 14%
三浦半島断層帯
主部：武山断層帯
M6.6程度もしくはそれ以上 6%〜11%
主部：布笠・北武断層帯
M6.7程度もしくはそれ以上 ほぼ0%〜3%
神縄・国府津−松田断層帯
M7.5程度 0.2%〜16%
富士川河口断層帯
M8程度 0.2%〜11%
伊那谷断層帯
境界断層
M7.7程度 ほぼ0%〜7%
前縁断層
M7.8程度 ほぼ0%〜6%
凡例：高い（30年以内の発生確率が3%以上）
やや高い（30年以内の発生確率が0.1〜3%）
表記なし（30年以内の発生確率が0.1%未満または確率が不明、活断層でないと評価）
今後評価が行われる断層帯（群）
山形盆地断層帯
M7.8程度 ほぼ0%〜7%
断層帯の名称
30年以内に地震が起こる確率
地震規模（マグニチュード）
（ほぼ0%とは0.001%未満をいう 確率は2007年1月1日起点）

図3−3●全国の主要活断層の、2008年を基準とする今後30年間の発生確率。地震調査委員会（2008）による。

三浦半島断層帯（六％〜一一％、M六・六、神奈川県）
境峠・神谷断層帯（〇・〇二％〜一三％、M七・六、長野県）
図3-4は、近畿地方の活断層を抜き出したものである。発生確率が高いのは次の活断層である。
琵琶湖西岸断層帯（〇・〇九％〜九％、M七・八、滋賀県）
中央構造線金剛山東麓（〇％〜五％、M八・〇、奈良県）
奈良盆地東縁断層帯（〇％〜五％、M七・五、奈良県）
それら以外の有馬高槻構造線（〇％〜〇・〇二％、M七・五、大阪府）、生駒断層帯（〇％〜〇・一％、M七・〇-七・五、大阪府）、京都西山断層帯（〇％〜〇・八％、M七・五、京都府）、花折断層帯（ほぼ〇％、M七・二、京都府）の発生確率は低い。
とはいえ、三〇年以内に数％というような数値は直感的にはつかみどころがない。一つの目安として、現時点と同じレベルの研究成果を持っていたと仮定して、同じ基準で一九九五年兵庫県南部地震直前の地震発生確率を計算すると〇・〇二％〜八％となる。
別の目安としては、一人の人間が今後三〇年以内に交通事故で死ぬ確率が〇・〇二％、自分の家が火事になる確率が二％、ガンで死ぬ確率が七％程度である（地震調査委員会のホームページ）。このように比較すると、つかみどころのない数値が、多少は現実の感覚に近づいてくるような気もする。ただし、地震発生確率の長期評価は、長期的な視野で対策を考えるための目安である。そもそも生活感覚では分かりにくいものだと言えよう。
　ところで、二〇〇八年岩手宮城内陸地震が発生した北上低地西縁断層帯の地震発生確率はほぼ〇%であった。「自然科学の知」と言える活断層学によってすら、北上低地西縁断層のリスクを、あらかじめ十分には把握できなかった。複雑きわまりない自然を相手にする場合は、最善を尽くしても、このようなことは起こりうる。活断層学や地震学などの自然科学が、現実の社会に対してどれほど役に立つことができるのか、私は考え込まずにいられなかった。今後、時間をかけて、「研究成果と社会の結びつき」について、考え方の吟味が行われるだろう。

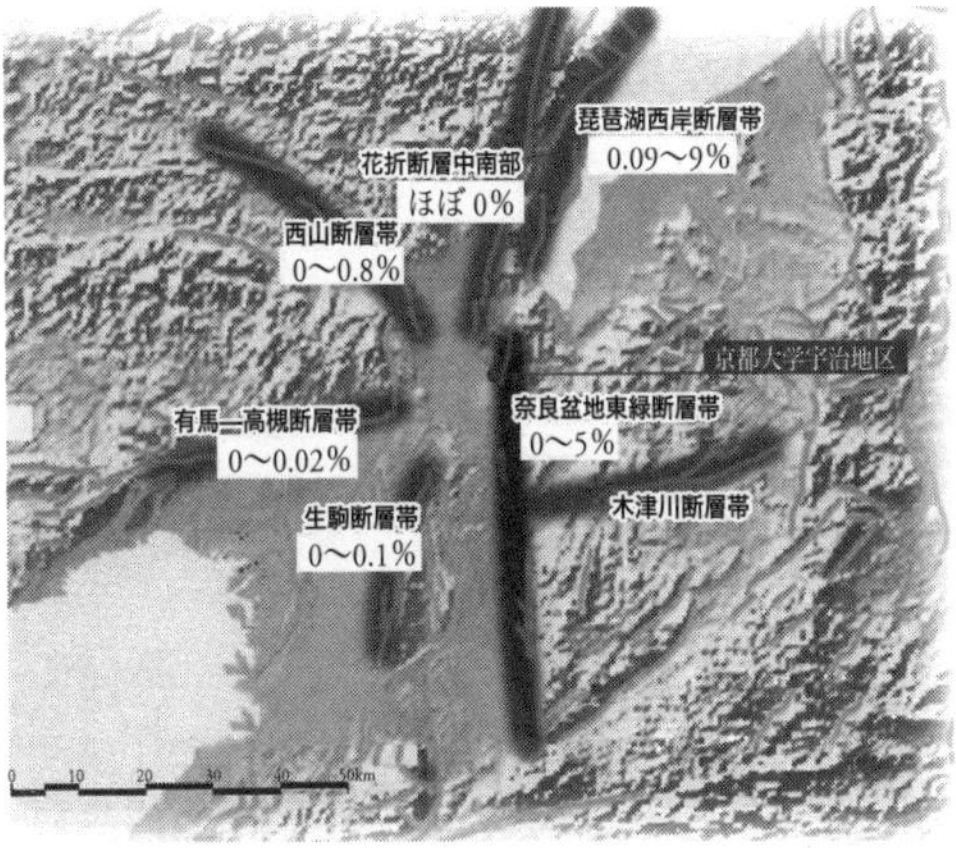

図3–4●近畿地方中央部の主要な活断層。京都大学防災研究所のパンフレットの地図に、地震調査委員会（2008）による今後30年間の発生確率を加筆。

　いずれにしても、基本的には、日本列島では、山と平野が突然区切られているようなところは、そのような地形そのものが活動的な活断層存在の証拠と思うべきである。例えば京都盆地を思い浮かべてみよう。東縁には花折断層が走って東山と盆地を区切り、西縁には西山断層が走っ

写真3−1●花折断層の断層線上の大原三千院前の参道を南からのぞむ。右手が三千院の境内。

て西山と盆地を区切っている。そこでは、過去数百万年、千回近くは大地震を繰り返してきた。その結果、京都盆地が形成された。盆地は巨大な地下水がめとなると同時に、山地と盆地の境界部には多くの歴史的文化財が散在し、京都の文化を特徴付けている。

花折断層は、吉田山の西麓を走り、京都大学グランドを横切り、京都造形芸術大学のキャンパスを縦断して北に延びる。その先では、詩仙堂の西側を通り、修学院離宮を縦断して八瀬から大原を通って滋賀県と福井県の県境近くにまで至る。写真3−1は大原三千院の前の参道である。人工が加えられていて活断層が通っているとは気がつきにくいが、ここを花折断層が通り、三千院は右手の断層崖の上に立てられている。

プレート沈み込み帯に発達した文化にしか見られない特異な光景だと言える。

丹波山地の異常地震活動

日本列島にはプレートの沈み込みに伴う圧力がかかり、地殻歪みは毎年一〇のマイナス七乗から一〇のマイナス八乗の割合で増大し、地震リスクを着実に増加させている。一〇のマイナス七乗の歪の増大というと分かりにくいが、一〇〇キロメートルの距離が一センチメートル短縮することを意味する。地球科学としては大きな歪みなのだが、人間が感じることはないので、普通の人々には「着実に増加する地震リスク」といっても現実感がない。着実に増大している地殻歪みと地震リスクを実感させてくれるのが「丹波山地の異常地震活動」である（図3-5）。丹波山地では、もともと微小地震活動は高かったが、兵庫県南部地震の時に活動度は急激に高まり、現在に至っている。ただし、丹波山地といっても、地震活動が高いのは、「東は琵琶湖東岸から、京都市北部から亀岡、兵庫県の篠山地域まで」の丹波山地の一部に限られる。

高い地震活動が定常的に続いている場所は、和歌山市などほかにもあるが、なぜこれらの地域の地殻に限って地震活動が異常に高いのか、地震研究者の興味を大いにそそる。我々は有力な仮説を持っ

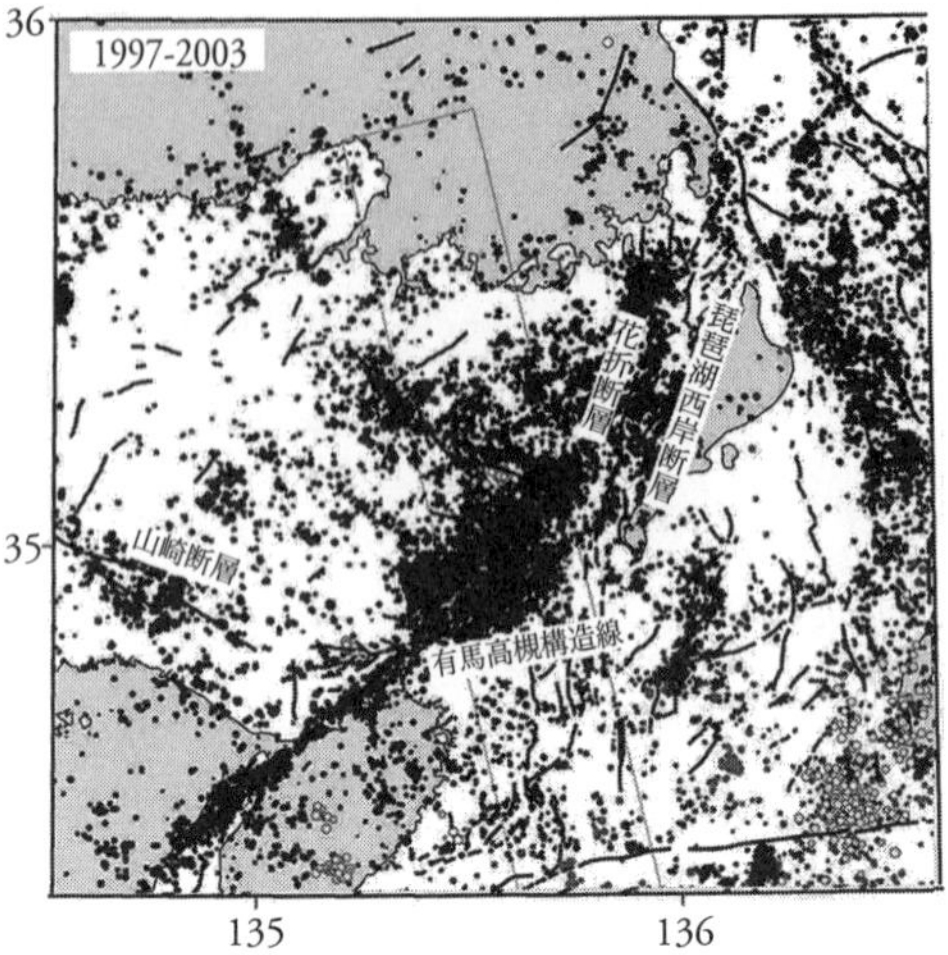

図3−5●近畿北部の微小地震分布。兵庫県南部地震の時に活動度が急激に高まり、現在に至っている。特に地震活動が高いのは、図の中央部、東は琵琶湖東岸から、京都市北部から亀岡、兵庫県の篠山地域までの地域。京都大学防災研究所による。

ている。図3−6に図示されているように紀伊半島の下に沈み込んでいくフィリピン海プレートの上面が三〇キロメートル、四〇キロメートルと深くなるにつれて圧力が高くなり、鉱物結晶の隙間に閉じこめられていた水がプレート内から絞り出され、次第に上昇し、地殻内（深さ一〇キロメートルから三〇キロメートル）の幾つかの場所に面状の水たまり（地震波反射面）を作る。そこから地殻浅部に滲みでて、微小地震を数多く発生させるという仮説である。

　水たまりが面状であることはどうして分かるのだろうか。丹波山地の深さ一五キロメートル程度のところに、地震波を強く反射する面が北下がりに低角に（ほぼ水平に）拡がっている。異なる種類の岩石が接触しているだけでは反射波は小さい。したがって、強い反射波を返すのは、水のようにコン

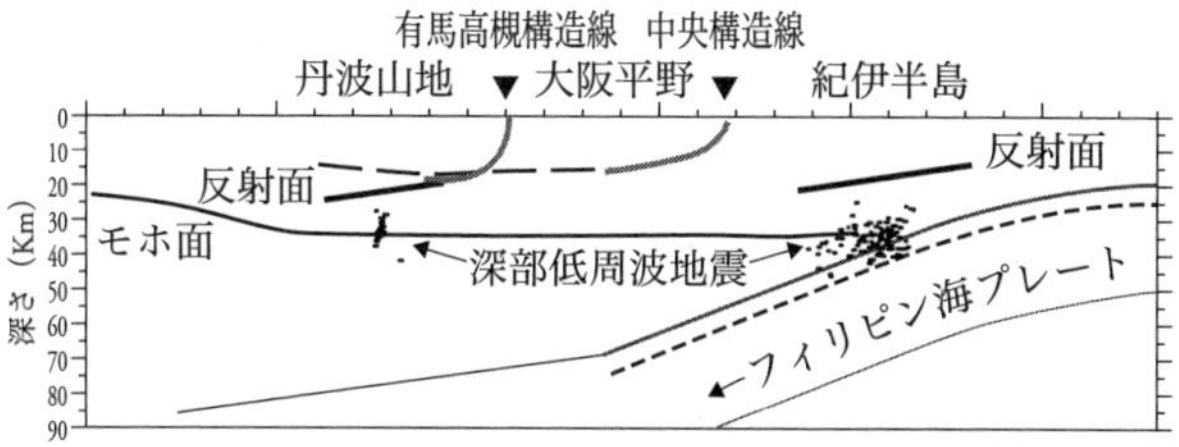

図3-6●近畿地方中央部の南北断面図。点は深部低周波地震。紀伊半島の下に沈み込んでいくフィリピン海プレートの上面が深さ30kmから35kmに達したあたりで上盤の地殻のモホ面にぶつかり、その周辺で深部低周波地震が多発している。伊藤ほか（2005）による。

トラストの大きい物質が存在しているに違いない。したがって、この反射面は面状の水たまりであろうと判断する。

もっと別の証拠はあるのだろうか？

神戸から見て六甲山の裏手にあたる有馬温泉はあまりにも有名である。随分古い時代から温泉として知られており、大化の改新の二年後（六四七）、孝徳天皇は多数の臣下とともに滞在した。聖武天皇（七〇一〜七五六）の時代には、行基が池を掘り、橋をかけ、有馬温泉を整備し、保養地として一般にも広く知られるようになった。天正一一年（一五八三）、天下統一のなった豊臣秀吉がこの地を訪れ、それをきっかけに町全体の大改修が行われ、今日の有馬温泉の町の枠組が決まった。

有馬温泉の温泉水は、「雨水が地下にしみこんで温められ、地表に環流してきた水」ではない。それは、「一〇数キロメートルから数一〇キロメートルよりも深いところから上昇してきた水」なのである。有馬の温泉水は、ヘリウム、酸素、炭素などの同位体比が大気の同位体比と明らかに異なり、地球ができたときの始原的な同位体比に近い。それは、温泉水が深いところから来た証拠である。

この様な状況証拠を積み重ねて、我々は図3－6に反射面として示されているのは面状の水たまりだと結論している。「蓄積した地殻応力という危険因子が、水という危険増幅要因に出会ったときに異常地震活動が起こる」ということができる。

有馬高槻構造線と想定地震

丹波山地の異常地震活動域の南限を区切っている有馬高槻構造線（図3－4）は、兵庫県南部地震を発生させた六甲断層系の東北東への延長である。兵庫県南部地震が、何故宝塚あたりで停止してしまい、何故東に拡大して有馬高槻構造線を破壊しなかったのか、その理由は分からない。

岐阜県の根尾谷断層では、国内最大級の内陸型地震である一八九一年濃尾地震（M八・〇）が発生し、五七年の年月を隔てて、北方への延長である福井地震断層で一九四八年福井地震（M七・一）が発生した。このような経験があるので、六甲断層系と有馬高槻構造線の関係は重要な研究対象である。

丹波山地の地震活動は時々奇妙な変化を見せる。一九九五年の兵庫県南部地震の時には、二年ほど前から活動度が低下（微小地震の個数が減少）し、半年前に活発化した後、兵庫県南部地震が発生した。

そのあと活発化し、活動度が高いままで推移していたが、二〇〇三年になって再び低下したのだ。低下のパターンが兵庫県南部地震の前の低下に似ていただけに、緊張が走った。

有馬高槻構造線で地震が発生すると大阪平野に甚大な災害をもたらすと予想される。大阪府の地震被害想定（二〇〇六）によると、マグニチュードは七・三から七・六、最大震度は七、死者三〇〇〇人、全壊家屋八万六〇〇〇戸、半壊家屋九万三〇〇〇戸とされている。

一五九六年慶長伏見の地震（M七・二五〜七・五）では、京都盆地から大阪平野北部、神戸、淡路島まで、近畿地方中央部で大きな被害が生じた。京都中心部では、本願寺御影堂、東寺大師堂が崩壊した。茨木では、総持寺の観音堂が倒壊した。大阪では多くの町屋が倒壊した。

豊臣秀吉の居城であった伏見城（京都市伏見区）では、天守閣が崩れて五〇〇人にのぼる圧死者をだした。秀吉の怒りを買って蟄居中であった加藤清正がみずからの危険をかえりみずに秀吉の救出に駆けつけ、蟄居を許された逸話は歌舞伎にもなった。

兵庫県南部地震以後、高槻市内で断層発掘調査が行われ、有馬高槻構造線の地震発生間隔は一七〇〇年〜三五〇〇年、前回はほぼ四〇〇年前の慶長伏見の地震であることが明らかにされた。それを基にした長期評価では、三〇年確率は〇%〜〇・〇二%とされている。

では、丹波山地の異常地震活動は何のシグナルなのであろうか？　京都盆地の西縁を走る西山断層帯（異常地震活動域のど真ん中）の異変を示すのであろうか？　琵琶湖西岸断層帯（同東限）の異変を示すのであろうか？　二〇〇八年岩手・宮城内陸地震（M七・二）は、発生確率ほぼ〇％と見積もられていた北上低地西縁断層帯で発生した。ひょっとすると〇〜〇・〇二％の有馬高槻構造線（同南限）が問題なのだろうか？　今の段階では分からない。もちろん、異常地震活動が必ずしも近い未来における地震発生を意味しているわけでもない。ただ、近畿地方の地震防災という意味で重要であり、京都大学としては真剣な研究対象とすべきであることだけは確かである。

京都大学阿武山観測所

ＪＲに乗って京都から大阪に向かうと、高槻駅を過ぎたあたりで、右手の山腹に（標高ほぼ二〇〇メートル）、法隆寺の五重の塔とほぼ同じ高さ（三〇メートル）の時計台（写真3-2）が小さく見える。それが京都大学の阿武山観測所（大阪府高槻市）である。高槻駅の次の摂津富田駅から北に向かってほぼ四キロメートル、新興住宅地を抜けて坂を上がって行くと観測所にたどり着く。歩いても一時間ちょっとである。

阿武山観測所は、京都大学の地球物理学講座初代教授志田順が、一九三〇年（昭和五年）、財界からの寄付によって建設した。理学部からは高温高圧実験の装置が移設された。それ以来、阿武山観測所

写真3-2●阿武山観測所（大阪府高槻市）の写真。京都大学防災研究所による

は日本における地震学や固体地球物理学の発展に重要な寄与を行ってきた。一九九〇年、京都大学の複数の部局に分散していた地震研究グループは防災研究所の地震予知研究センターに統合され、観測と研究の第一線としての阿武山観測所の役割はひとまず終わった。最近、写真3-2の建物は大阪府教育委員会の近代化遺産に登録された。

建設以来ほぼ八〇年を経過した建物に入っていくと、壁は非常に強固なコンクリートであることに気がつく。兵庫県南部地震の時には、建物本体はびくともしなかったが、ほとんどの窓のガラスは割れ落ちた。

阿武山観測所の中でも重要なのは、一九三四年から貴重な長周期記録をとり続けてきた、高さ二メートルほどの佐々式大地震計である。

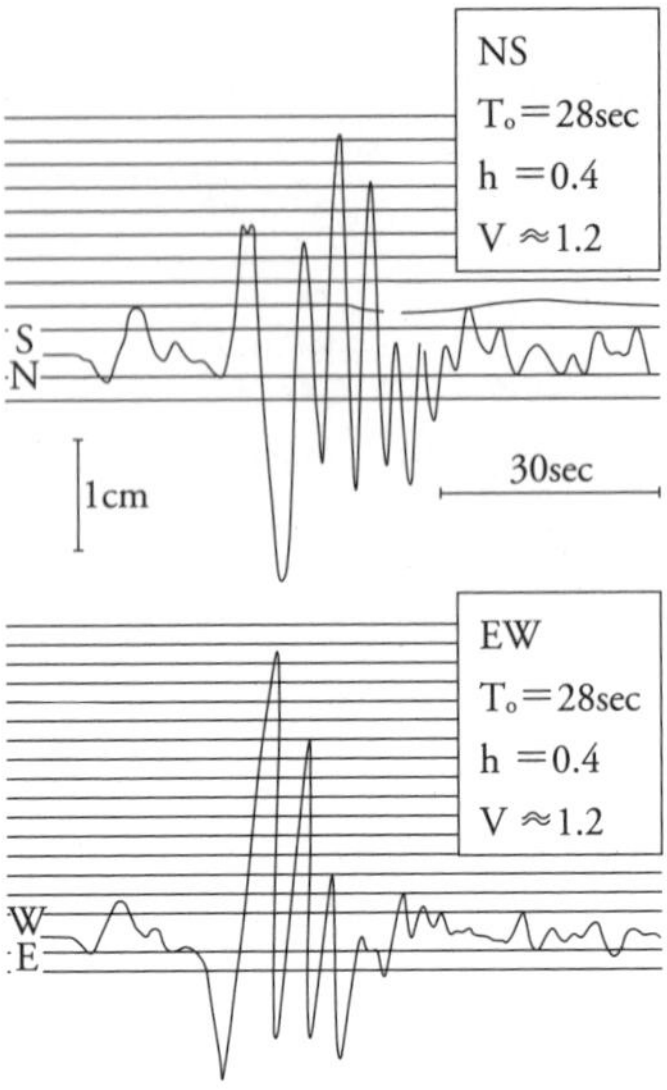

図3－7●阿武山観測所の佐々式大地震計によって得られた1943年鳥取地震の長周期記録。京都大学防災研究所地震予知研究センターによる。

中でも、一九四三年鳥取地震の時の記録（図3-7）は、金森博雄（当時東京大学、現在はカリフォルニア工科大学）によって世界で始めての震源破壊プロセスの研究（一九七二年）に用いられ、世界でも有名な地震記録となった。その研究は、金森博雄の二〇〇七年京都賞受賞につながった。

図3-8は、ちょっと見づらいが、兵庫県南部地震のときの阿武山の高感度微小地震記録である。左下端（一六日九時半）から始まり、時間は左から右へ、下から上に経過し、最後は右上端（一七日一六時）まで、ほぼ三〇時間ぶんである。図の左端から右端まで一本の線が一五分間の記録である。図の下から四割ほどのところで兵庫県南部地震が始まる。それより上に空白が多いのは、余震が絶え間なく発生し、地震計が断続的に振り切れたからである。

図の下半分の中頃には三つの前震が見える。マグニチュードは三前後である。二〇〇二年一〇月、金森博雄と阿武山観測所で初めてこの記録を見たとき、金森は一目で「この前震は異常だ」と言った。

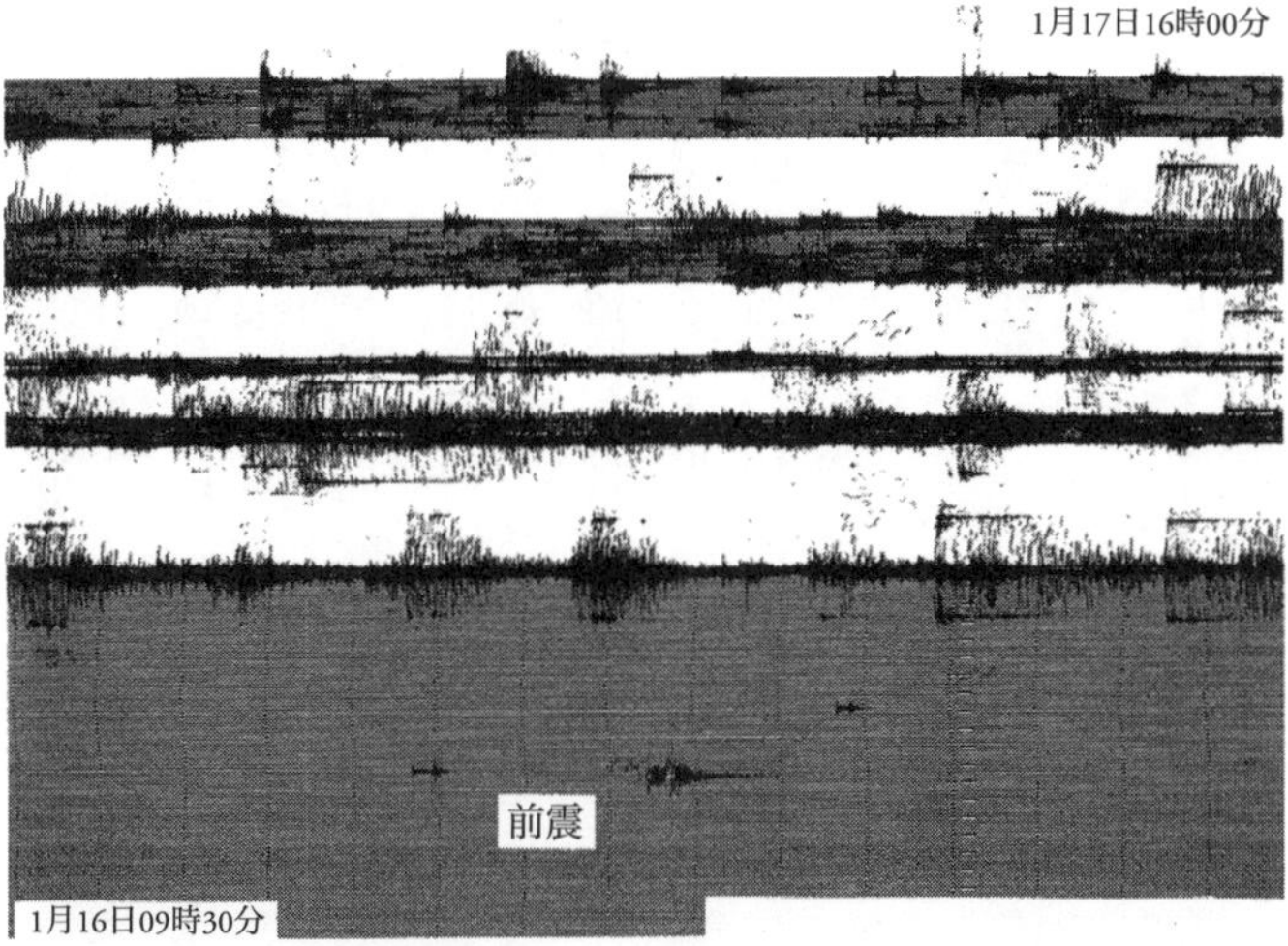

図3-8● 1995年兵庫県南部地震のときに阿武山観測所の高感度地震計記録。左下端（16日朝9時半）から始まり、時間は左から右へ、下から上に経過し、最後は右上端（17日16時）まで、ほぼ30時間分。図の左端から右端まで1本の線が15分間の記録。図の下から4割ほどのところで兵庫県南部地震が始まる。それより上に空白が多いのは、余震が絶え間なく発生し、地震計が断続的に振り切れたから。京都大学防災研究所地震予知研究センターによる。

「何故ですか？」と聞くと、「マグニチュード三だと、通常は、マグニチュード二とか一の余震が続く。この前震には余震がまったく無い」という答えが返ってきた。それは、明石海峡直下深さ一〇キロメートルあたりの初期破壊域において「地殻構造が非常に一様であった」か、「地殻応力が非常に高かった」かを意味する。図3-8の記録を一見するだけでこれだけのことが分かるのだ。

観測所の地階には、創立当時から使われてきた多くの地震計が展示されている。昔はここが観測室だったのだが、今では観測所敷地境界線の崖下までが宅地化され、ノイズレベルがすっかり高くなってしまったので、観測は停止され、敷地内に掘られた地中ボアホールで微小地震観測のみが続けられている。

一九三〇年の創立当時には、ほとんどの部屋が畳敷であったと伝えられている。一九九〇年まで研究室として使われていた一階と二階に放置されている分厚い一枚板で作られた重厚な机をみると、八〇年前、世界で始めて深発地震に気づいた志田順教授の後ろ姿が浮かび上がってくるような気がする。ただし、志田順教授は、その歴史的発見をメモとしてのみ残し、論文としては書かなかったので、その功績は埋もれてしまった。今から見れば当たり前だが、当時としては突飛な考えだったので、論文を書くことを躊躇したのだろうか。

螺旋階段を登って塔の最上部に出ると、大阪平野の素晴らしい眺望がえられる。とはいえ、乱立する超高層ビルに遮られて大阪城は見えない。

満点計画

地殻で絶え間なく増大する地震リスクの象徴である「丹波山地の異常地震活動」を注意深くのぞき込むと、二キロメートルほどのサイズの微小地震小活動域が点々と発生し、それが全体となって幅三〇キロメートル、長さ五〇キロメートルサイズの異常地震活動域を形成している。断層破壊域のサイズが三〇キロメートルだとマグニチュード七になり、二キロメートルだとほぼ五である。単純に予想すると、二キロメートルサイズのマグニチュード五クラスの地震活動がマグニチュード七クラスの内陸型地震の起爆源になるとも予想される。したがって、なんとか二キロメートルサイズの小活動域の様子までを詳しくモニターしたい。

防災科学技術研究所によって展開された新世代の地震観測網Hi-netは、兵庫県南部地震以降の地震学の進歩に大きく貢献した。しかしながら、観測点間隔はほぼ二〇キロメートルで、二キロメートルサイズの微小地震小活動域をのぞき込むには粗すぎる。

逆に言うと、「丹波山地の異常地震活動」の素性をよく理解するには、二キロメートル間隔の観測点を展開しなければならない。そのため、地震予知研究センターの飯尾能久のグループは「満点計画」を立てている。

二キロメートル間隔で観測点を設置することは単なる予算とマンパワーの問題ではない。というのは、「地盤が良くて、かつGPS衛星からの電波が受信できる観測適地」を見つけることは意外と難しいからである。ほぼ二〇キロメートル間隔で観測点を展開する場合は、観測適地が想定ポイントから数キロメートル程度それても問題はなく、地震計は車で運ぶことができる。しかし二キロメートル間隔で観測点を展開する場合には、想定ポイントから数一〇〇メートル程度の範囲内で適地を見つけなければならない。そのためには、車も入れないような山中に人力で地震計を運び込むことも避けがたい。何百もの地震計を人力で山中に運び込むためには、地震計もソーラーバッテリーも今までよりずっと軽く、振動に強くしなければならない。つまり、小型軽量の新たな地震計の開発から始めなければならなかったのである。周到な準備が必要であった。

地震観測なのにGPSとは不思議だと思う人も多いかもしれない。実は、GPSで位置を精密に決定している時には、同じ精度で時刻も決定しているのである。それを地震計の時間としても利用する。地震記録の時間の精度が震源決定の精度を直接左右するのである。

仮に、幅三〇キロメートル、長さ五〇キロメートルの領域に二キロメートル間隔で地震計を展開すると、地震計の総数は四〇〇台弱にしかならないが、紀伊半島や歪み集中帯など全国への展開を期待して「満点（万点）計画」と呼んでいる。これだけの台数になると、観測準備をするための広いスペースが必要である。現在、丹波山地の異常地震活動域の南限に位置する地の利を生かして、予算不足に悩みながら、阿武山観測所を満点計画の出撃基地に再活用するプロジェクトが進行中である。

第4章

断層直上の地震動と第四紀軟弱堆積層による長周期地震動

大阪府寝屋川市の淀川堤防上の茨田《まんた》堤の石碑。大阪平野は古くから洪水に悩まされていた。4世紀、仁徳天皇は初めて古河内湖一帯の治水工事を行い、多くの堤防を造営した。現在の寝屋川市域の古地名をとって、この地域の堤防は茨田堤と呼ばれた。

地震動の共振

高校の理科では「固有周期」という考え方を学ぶ。例えば、長さ二五センチメートルの振子時計の振子の固有周期は一秒であり、手で力を加えて振り子をどのように揺らしても、手を離すと、振り子は一秒に一度の割合で往復する。昔はどの家にもあった振子時計の振子の長さは二五センチメートルであるが、それは、二五センチメートルの振子の固有周期が一秒であることを利用していたからである。

もう一つは「共振」である。長さ二五センチメートルの振子を〇・五秒間隔や二秒間隔で揺らそうと力を加えても、とりたてて大きくは揺れない。しかし、ほぼ一秒間隔のタイミングで揺らすと振子は大きく揺れる。このように、外力の周期が固有周期かどうかで、外力を受け取る側の振子の反応はまるで異なる。それが共振である。

似たようなことは高層ビルでも起こる。もし、長さ一五〇メートルの振子を作ると、固有周期は二五秒になるが、超高層ビルは揺れにくいように堅固に作られているので、同じ高さでも固有周期は三秒から四秒とぐっと短くなる。幅があるのは、固有周期は、ビルの高さ、構造、材質などによって微妙に異なるからである。固有周期三秒の超高層ビルを周期三秒の地震動で揺らすと共振が起こって大きく揺れる。

強い地震動に直撃されると建物に被害が生じる。しかし、どの程度の被害が生じるかは単純ではない。被害の程度を大きく左右するのは、次の三つの周期が合ったときに生じる「共振」である。

「共振要因一」震源から放出される地震波の周期

「共振要因二」軟弱地盤の固有周期

「共振要因三」建物の固有周期

もちろん、三つの要因がすべて必要なわけではなく、「共振要因一」と「共振要因三」のみが問題である時もあり、「共振要因二」と「共振要因三」の問題である時もある。

地震動による建物の被害を考えるときには、共振に加えて、「断層近傍の地震動」、「強震動」、「長周期地震動」などの概略を知っていないと、第六章から第八章で述べる地震のリスクにたいする現実感が乏しくなりがちなので、これらについても、この章で簡明に説明しておきたい。

断層から遠方の地震動

地震動の顔つき（通常は波形と言う）は、「断層面のサイズ」「断層面の深さ」「断層面から観測点ま

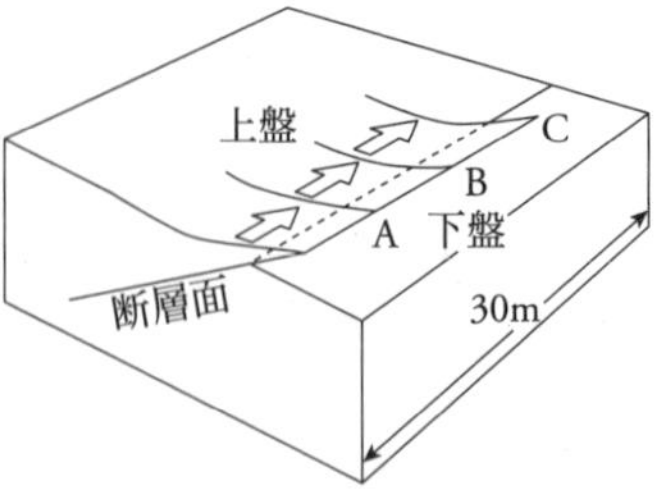

図4－1●断層破壊伝搬のイメージ図。断層滑りの先端が、A、B、C、Dと毎秒2～3㎞の速度で伝わっていく。

での距離」によって大きく異なる。とくに、「断層面から観測点までの距離」には強く依存する。わかりやすく兵庫県南部地震を例にとって説明すると、断層近傍の神戸市内の地震波形と、一〇〇キロ離れた岡山や一五〇キロ離れた名古屋などの地震波形は、理論的にも、観測波形でも、まったく異なる。

加えて、軟弱地盤の共振は、特定の周期の地震動を大きく増幅し、長引かせる。厄介きわまりなく、地震学の専門家でも、全貌をきちんと理解している人は多くない。理系の考え方が苦手な方は、この章を読み飛ばされても差し支えない。

地震断層の長さは、マグニチュード八で一〇〇キロメートル、七で三〇キロメートル、六で一〇キロメートル、五で三キロメートル、四で一キロメートル程度という規則性がある。ただし、地震現象は複雑なので、ばらつきの幅も大きい。マグニチュードがいくつでも成り立つように地震動の話をしようとすると分かりにくくなるので、以下ではマグニチュード七、地震断層の長さは三〇キロメートル、滑り（断層面を境にした食い違い）は地震断層面上で一定としよう。

図4－1は、三〇キロメートルの断層面を逆断層縦ずれ滑りが伝搬していくイメージ図である。「低角の断層面の左端で滑りが起こり、滑り域の先端が、A、B、Cと矢印の方向に秒速二～三キロメー

トルの速度で伝わっていき、右端で終了した」と想像しよう。拡大速度秒速三キロメートル、（時速一万キロメートル程度）は、地殻内のP波速度（秒速六キロメートル）やS波伝搬速度（秒速三・五キロメートル）よりやや小さい程度である。なお、P波とは、地殻物質の粗密の揺らぎを伝える、最初に伝わってくる波である。S波は地殻物質の振れの揺らぎの状態を伝える波である。地震の場合は、断層から放出される波動エネルギーの主要部分をS波が担っており、ほとんどの場所でS波の方が大きいので、主要動とも呼ばれている。

　地下数キロメートルのことなど現代の科学をもってすれば簡単にわかりそうな気がするのだが、実際には、一五〇億光年のはるか彼方の宇宙のことより分かりにくい。なぜなら、望遠鏡という補助手段が必要とはいえ宇宙のことは可視光線で追えるのに、地下数キロメートルは可視光線では見えないから、と言うことができる。

　断層面の長さが三〇キロメートル、断層すべりの拡大速度が秒速三キロメートルなので、左端（手前側）で破壊が始まってから右端で終わるまでの時間は一〇秒である。この時間を「破壊継続時間」と呼

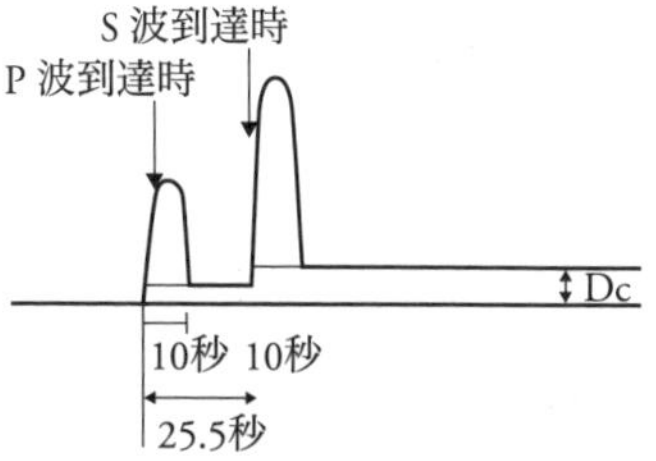

図4−2●震源から離れた観測点の地震動の概要。断層面の長さを30km、観測点までの距離を200kmとする。断層すべりは、図4−1の地震断層面の左端辺から始まり、毎秒3kmの速度で右端に達して終わるまでの時間は10秒である。

ぶ。単純に図示すると、P波とS波は、図4－2のように半サイクルの単純な形をしている。P波とS波の変位地震動のパルスの幅は破壊継続時間である。これが「遠方における地震波」である。

一〇〇キロや一五〇キロ離れると地震波形の基本は図4－2である。現実には地殻で反射したり屈折した波が加わったりと複雑になる。それに加え、断層のすべり運動が拡大するとき、断層面の凸凹にぶつかって、減速したり、加速したり、部分的に止まったりする。それによって振幅の異なる地震動が放出され続けるので、観測地震動の顔つきは複雑になる。

断層近傍の地震動

次に、別の極端である「断層近傍の地震動」を考えよう。図4－1の断層面のBの地点から一〇メートルしか離れていない場所に立っているとする。断層の左端から右端までを三〇キロメートルなので一〇メートルとは、図の中の線の太さの範囲内に過ぎない。初期破壊が断層面の左端で始まり、破壊の先端が眼前に到達したとき、眼前の断層面では急激に滑りが生じ、ほぼ二秒後に停止し、あとには断層面を境にした二メートルの地面の食い違いが残る。

立っている場所の地面は、滑り面の先端が一〇メートルの足下に達したとき、足下の断層滑り運動

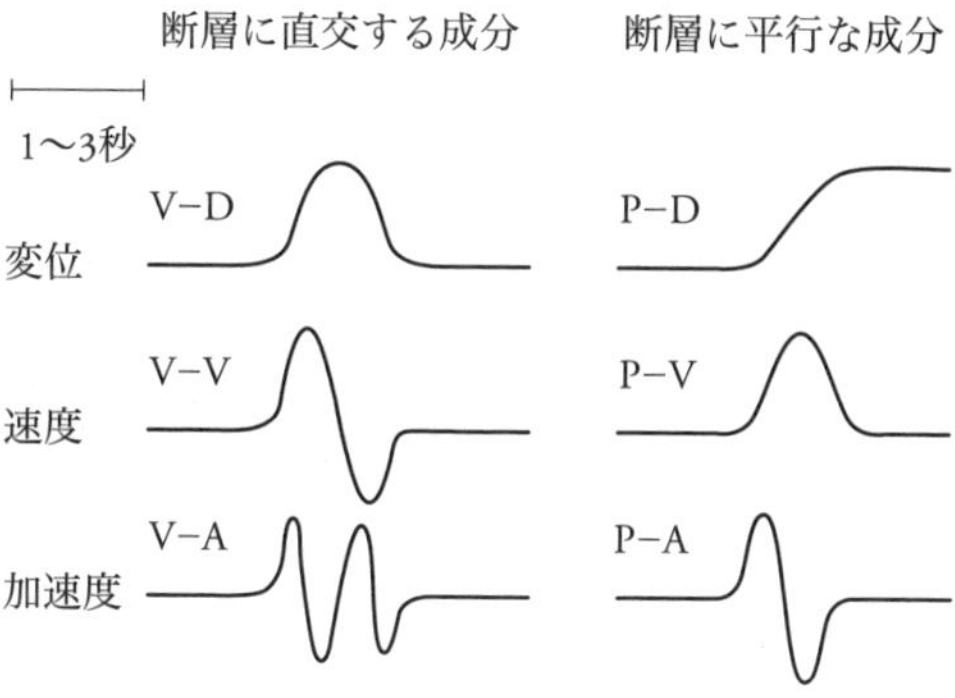

図4−3●断層直近の地震動の概念図。右列は断層に平行な地面の地震動、左列は断層に直交する地面の地震動きである。これを時間で微分して速度（V–V, P–V）を得る。さらに微分して加速度（V–A, P–A）になる。P波もS波もほとんど同時に到達するので、見かけ上、P波もS波もない。

に追従して、一メートルから二メートルほど動く。地震動は、断層全体から放出されてくる地震波というより、ほとんど足下の断層滑りのみによって規定される。見かけ上、P波もS波もない。

図4-3は、「断層近傍の地震動」を「断層滑りに平行な」（従って地表断層線に直行する）地面の動き（右列）と「断層滑りに直行する」（したがって地表断層線に平行な）地面の動き（左列）に分け、それを、「変位」「変位を時間で微分した速度」「もう一度時間で微分した加速度」で示したものである。同じように地震動といっても、「速度か加速度かによって随分顔つきが違う」ので注意する必要がある。「断層滑りに平行な成分の加速度（P–A）は一サイクル」で、「断層滑りに直交する成分の加速度（V–A）は二

サイクル」となる。

図4-4に、兵庫県南部地震の時の記録も含む、世界各地で得られた断層近傍の観測点の「速度」記録を示す。三河地震と異なって垂直な断層面の横ずれ型の地震である。図のように、実際の観測記録では、破壊伝搬プロセスの不規則さなどの原因で、図4-3のように単純ではない。とはいえ、荒っぽく言うと、コジャエリ地震や集集（台湾）地震の場合など、全体的な顔つきとしては、断層に平行な成分の主要な動きは一方に振れる「片揺れ」（図4-3のP-V）の特徴を備えており、垂直成分はそれを一回微分した特徴（V-V）を備えていると言えよう。理学系の地震研究者はこんなところにこだわりを持っている。

典型的な「断層近傍」である兵庫県南部地震の時の神戸の地震記録（図4-4）では主要動の周期は一秒から二秒なのに、「遠方場」である岡山や名古屋の地震記録では図4-2のように一〇秒から一五秒になる。このような事実は専門外の聞き手を混乱させるかもしれない。

「強震動」とは、周期は数ヘルツ（ヘルツは周期の逆数。二ヘルツは〇・五秒）から数一〇秒までの、建物に大きな影響を与えるだけのパワーの大きな地震動をいう。図4-2から図4-3に示したのとは別の次元の概念であるが、マグニチュード七やそれ以上の大地震ではあまり区別はない。

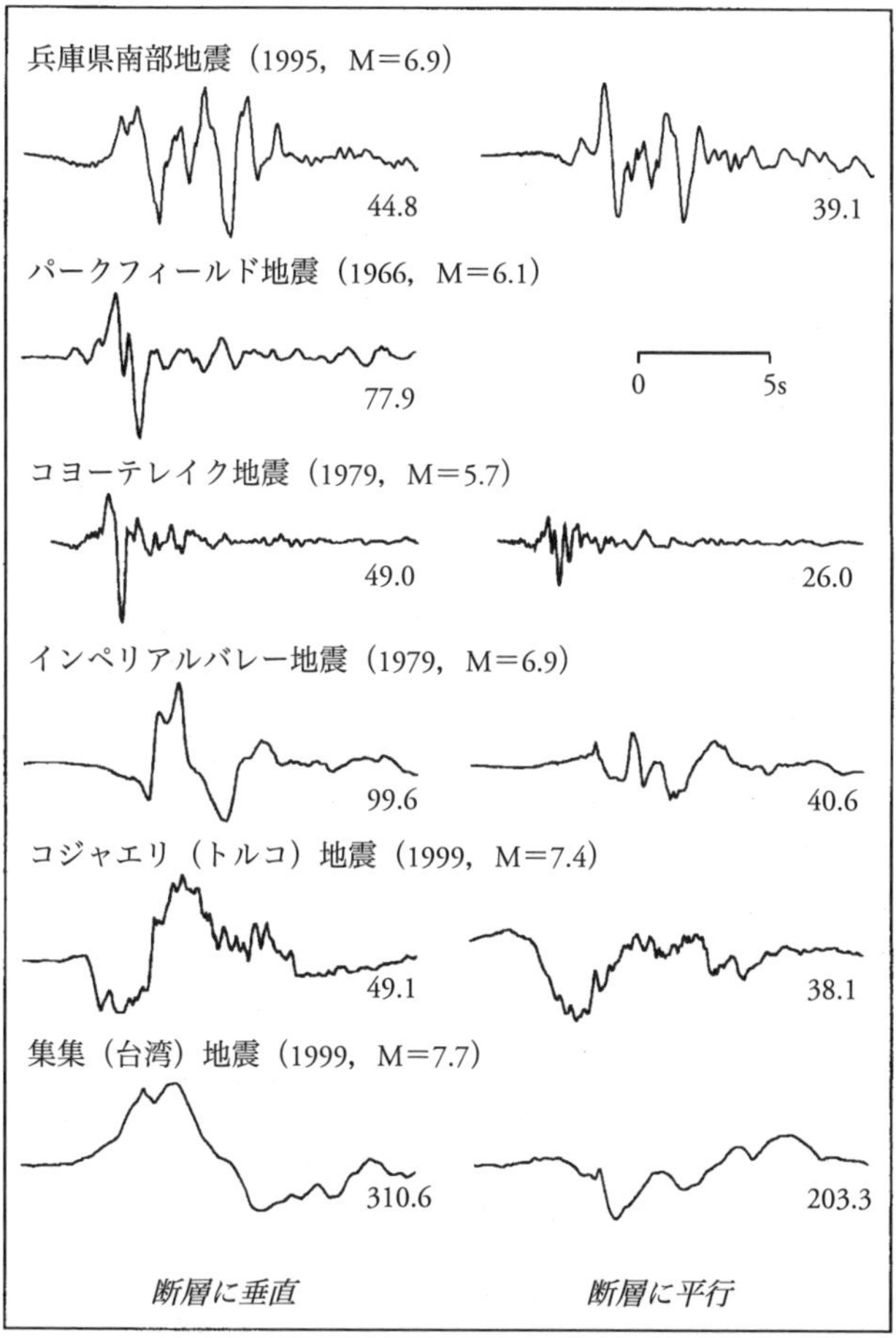

図4-4●世界各地で得られた断層近傍の速度記録。纐纈（2002）による。

三河地震と断層直上の地震動

一九四五年一月、愛知県蒲郡市の三ヶ根山直下の深溝断層が破壊してマグニチュード六・八の三河地震が発生し、三河地方で甚大な被害が生じ、死者は二三〇六人に達した。西側の上盤が東に向かって二メートルほど下盤の上にのしあげた低角逆断層型の地震であった。

特に蒲郡市では大きな被害が生じた。図4―5は、蒲郡市金平地区の倒壊家屋の分布図である。地表に出た断層線を挟んで、被害の様相がまるで違った。上盤上の西側ではほとんどの家が倒壊したが、下盤の東側では倒壊した家はほとんどない。

一九七三年の夏、地震後二八年を経過していたが、安藤雅孝（当時、東京大学地震研究所）とともに渥美湾に面する蒲郡市金平地区に聞き取り調査に出かけ、大変興味深い事実を知った。上盤側のお寺では、地震の時、本堂の支柱の位置がずれて支石からずれ落ちていたという。この事実は、単純に考えれば、本堂が一g以上の加速度で空中に投げ出されたことを意味する。一gは、地球が地表にある物体を引きつける力である。地球の引力を振り切って宇宙空間に飛び出す宇宙船の飛行士が感じる力は五g程度である。

一方、通り（断層線とほぼ一致）を一つ隔てた、五メートルも離れていない下盤（東側）では、時計

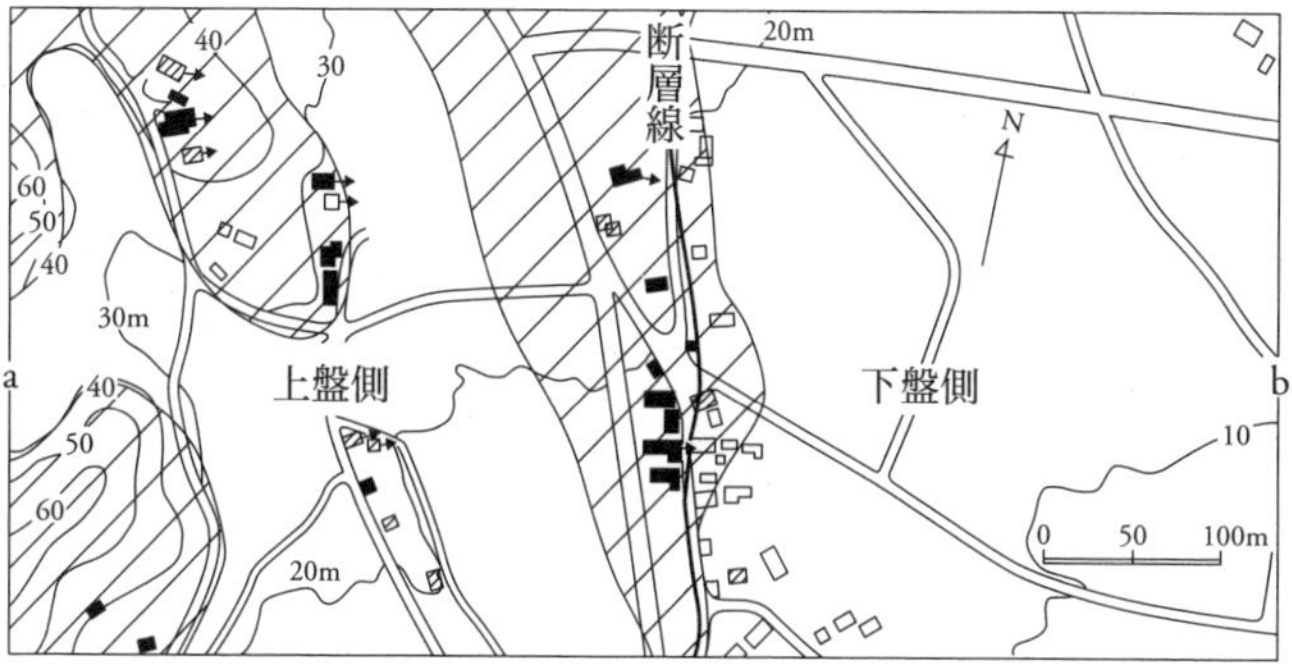

■は倒壊家屋、→は倒れた方向、◯は沖積堆積層

図4-5●愛知県蒲郡市金平地区の深溝断層周辺の家屋の分布図。■は倒壊した家屋。□は倒壊しなかった家屋。安藤・川崎（1973）による。

の針が止まった程度で、屋根瓦も落ちず、「上盤側の隣家が倒壊しているなど、思いも及ばなかった」と言う証言が得られた。驚くべき対比であった。

私は東京大学理学部の地震学研究室の大学院生として、断層モデルを震源とする理論地震動の計算に取り組んでいた。東京に帰って、低角逆断層の場合の上盤と下盤の理論地震動（地面の動き）を計算してみたところ、下盤はほとんど動かず、上盤が図4-6のように単純に大きく動くという、分かってみれば当たり前と思われる結果が得られた。この結果は、鋭角の楔形の物体を想像してみれば理解しやすい。鋭角の楔の先端は動きやすい。そのような単純な理論地震動を波形として書くと、図4-3のような「断層近傍の地震波」になる。

二〇〇八年四川大地震のとき、甚大な被害が出たチャン族自治州汶川県地域は、低角逆断層のアスペリティの分布域の直上にあたり、三河地震の上盤の激甚な被害と

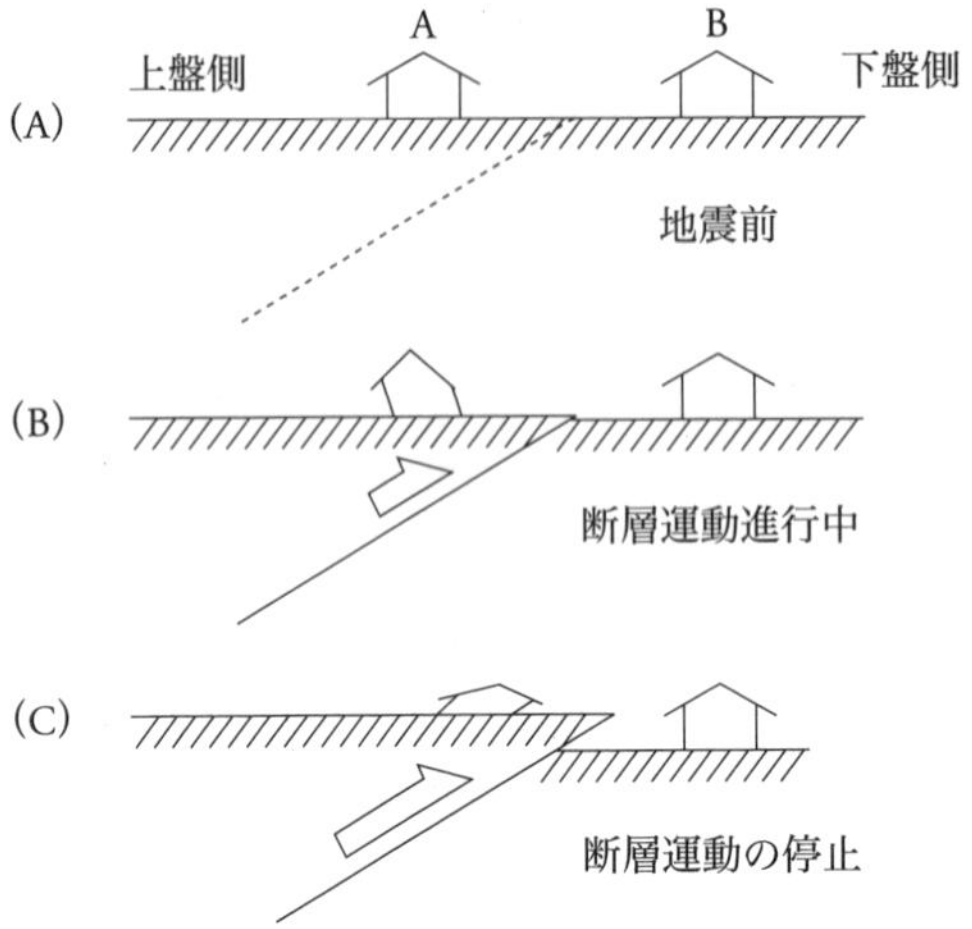

図4－6●三河地震のときの予想される家の揺れの単純化した模式図。右に左に強烈に一回ずつ揺れる。最大速度はほぼ1m/s、最大加速度はほぼ1g。安藤・川崎（1973）による。

同じである。

このような地震断層上盤の大きな被害の場合は、共振要因一と共振要因三の兼ね合いのみの問題で、共振要因二の軟弱地盤は絡まっていない。

一九七三年当時は、断層モデルにしたがって理論的にこのような計算ができるのは、世界でも、私の指導教官であった佐藤良輔を中心とする東京大学理学部の地震学研究室グループしかなかった。この研究成果は、安藤雅孝とともに、「低角逆断層近傍の加速度」と題して、一九七三年の地震学会の秋季大会で発表した。その後、「低角逆断層の上盤の地震動は大きい」という知見は次第に常識として認知されるようになった。研究者としてのスタートを切ったばかりのころの懐かしい思い出である。

このような議論をしておくのは、大阪の梅田や中之島のように上町断層（第5章で詳しく述べる）断層近傍に建設された超高層ビル（高さ六〇メートル以上のビル）の地震リスクを議論するときには、断層極く近傍の地震動が大きな問題だからである。設計に使う入力地震動の断層に平行な成分の模擬速度波形が全体的に片揺れの特徴を備えていないと、入力地震動としてちょっと疑問だということになる。

一九八四年長野県西部地震における「飛ぶ石」

一九八四年九月、御岳南麓で、長野県西部地震（M六・八）が発生し、大土石流が新聞を賑わした。このとき、梅田康弘を中心とする京都大学のグループによって、図4-7のような「飛ぶ石」が見いだされた。

図4-7の左端の穴は、壁面の湿気の様子から、できて間もないと思われる。右端の転石の形は湿気のある穴と相似である。その間の木には傷が付いているが、地面に石を引きずった跡は無い。この状況からは、左端の穴にあった石が、地震動によって空中に投げ出され、途中の木を引っ掻きながら

右端の現在の位置に着地したとしか思えない。このことは、地面が一g以上の加速度で上下左右に揺れ動いたことを意味している。低角逆断層の上盤でなくても、断層の近傍では、それ以前の地震工学的想定をはるかに越える一g以上の強力な地震動が存在する証拠として重要な発見であり、注意深い観察によって重要な事実を見いだしたユニークな研究であった。

最近では、二〇〇〇年鳥取県西部地震の日野観測点における一一四二ガル、二〇〇三年十勝沖地震の広尾観測点における九八六ガル、二〇〇四年新潟県中越地震の川口観測点における二五一六ガル、二〇〇八年岩手宮城内陸地震の一関西観測点における四〇二二ガルなど、地震のたびに一〇〇〇ガル(一g)を超える記録が新聞を賑わしている。なお、ガルの物理単位は、一メートル/秒^{2}である。

ただし、このような数値には注意も必要である。一〇〇〇ガルをはるかに超える観測は、軟弱な地層の崖の端など、特異な微地形によって増幅されたものが多い。二〇〇八年岩手宮城内陸地震の時、一関西観測点の地表の地震計では四〇〇〇ガルを越えたが、同じ場所の地下二六〇メートルの地震計では最大一〇八〇ガルであった。現在は、地震波を極端に増幅するような特異な場所に置かれている地震計は観測条件の良い場所に移動させるようになった。

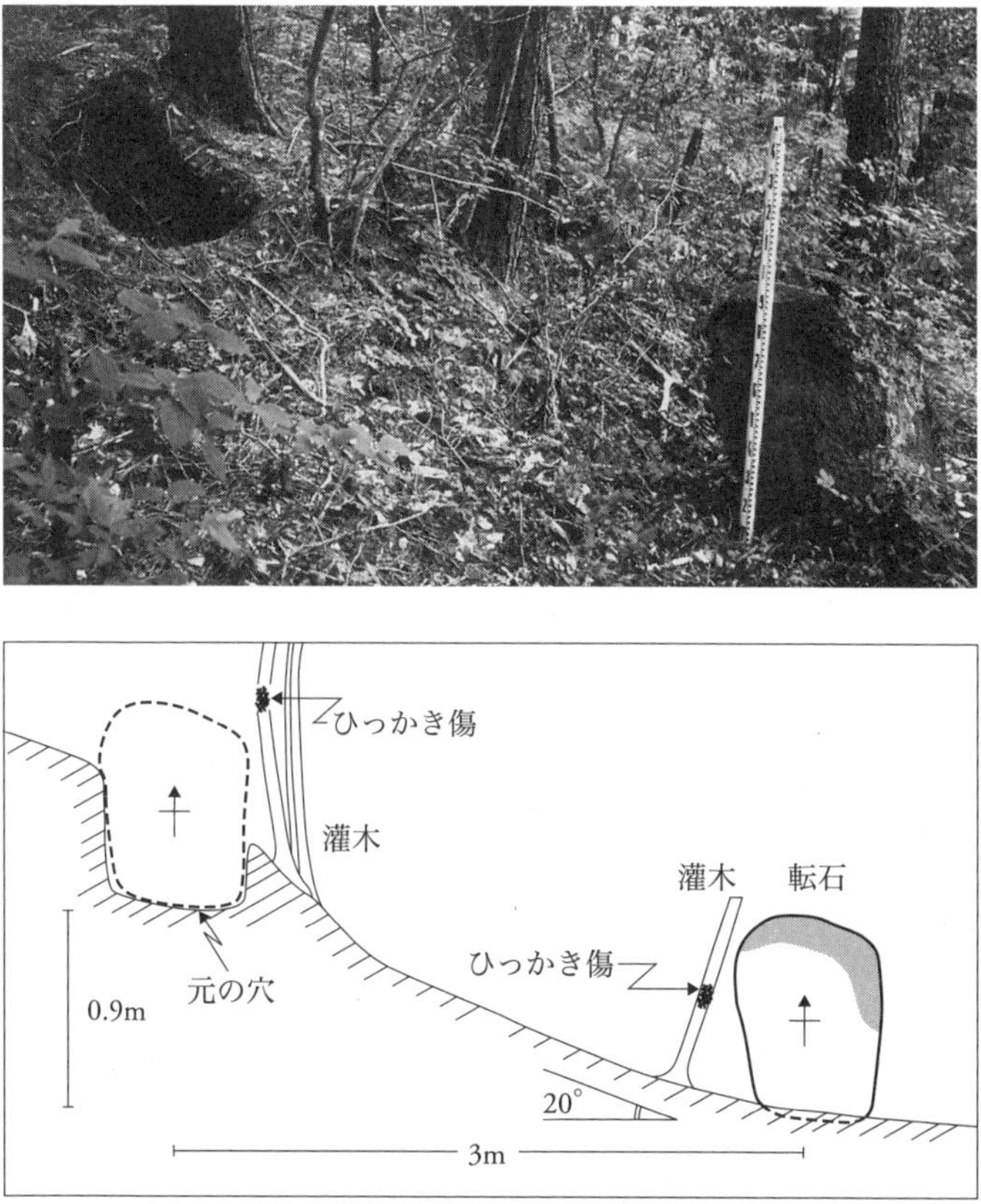

図4－7●（上）長野県西部地震のときの「飛ぶ石」の写真。（下）その概念図。右端の転石は、もともと左端の穴にあったが、1gを越す地震動によって空中に投げ出され、途中の木を引っ掻き、現在の位置に着地した。梅田ほか（1986）による。

浜岡原子力発電所の地震リスク

ここでは、駿河湾に突き出た御前崎の近くに建つ浜岡原子力発電所に話題を転じたい。まずは年を追って述べて行く。

一九六七年、中部電力は浜岡町（現在は御前崎市の一部）に原子力発電所一号機の建設を申し入れ、浜岡町は同意した。そして一九七一年に着工され、一九七六年に営業運転が開始された。

一九六八年にプレート・テクトニクス説が登場するとともに、「駿河湾からフィリピン海プレートが沈み込んでいく」（図2-2参照）という地球科学的な枠組が明確になった。

一九七六年、東京大学理学部の地震学研究室の助手であった石橋克彦は「駿河湾地震説」を唱えた。ジャーナリズムを通して「巨大地震が発生するかもしれない」という点だけが増幅して伝えられたが、本来は、「プレート・テクトニクスの枠組によって、浜岡原子力発電所を含む御前崎周辺一帯が巨大地震の断層面の上にあるという地震リスクが明確になった」という地球科学史的な意味が重要だったのである。ましてや、低角逆断層の断層面の直上では、図4-6のように地震動は衝撃的である。しかし、石橋が明らかにした「巨大地震の断層面の上にあるという地震リスク」を無視するように、浜岡原子力発電所は、一九七八年に二号機、一九八二年に三号機、一九九三年に四号機、二〇〇五年に五号機と増設し続けてきた。

二〇〇〇年には、政府は、「原子力発電所は絶対安全」との説明を転換し、原子力安全白書に、「原子力は絶対に安全とは誰にもいえない」との記述が表れるようになった。ただ、事故の確率は天文学的に小さいとされた。

そして二〇〇七年、中越沖地震の時、柏崎原子力発電所は震度六強の強震動に見舞われた。変圧器に火災が生じ、放射性廃棄物が入ったドラム缶が数百本が倒れ、原子炉の真上にあるクレーンの部品が破断するなど、数多くの事故が発生したが、「原子炉は安全に止まった。震度六強の地震動に襲われても基本的に安全であることがわかった」という説明がなされた。

しかし仮にそうだとしても、「だから東海地震によって浜岡原子力発電所が震度六強の地震動に襲われても安全だ」と思うのは錯覚である。東海地震の時に駿河湾の想定断層が動けば、浜岡原子力発電所は、直下約一〇キロメートルのプレート境界からの強烈な「断層近傍の地震動」に襲われ、その後、断層面前全体からの地震動が一分ほど延々と来襲する。中越沖地震の柏崎における地震動の継続時間は十数秒であったが、東海地震による地震動の継続時間はその何倍にもなる。最初の数秒の強烈な地震動で破損した天井クレーンが、そのあと一分、原子炉屋内で揺さぶられ続けることを想像してみると分かりやすい。

二〇〇八年六月、中部電力は、浜岡原子力発電所のすべての発電機の耐震強度を一〇〇〇ガルとなるように耐震補強工事を行うと発表したが、それが充分かどうか、今後真剣な検討が行われるであろう。一二月には、補強工事のコストが高いため、一号機と二号機は廃炉する方針であることが報じられた。

しかし、私には、そもそも、「プレート・テクトニクスの枠組によって駿河湾が抱える地震リスクが明確になった」以降に、三号機から五号機が増設され続けてきたことに根本的な疑念を感じる。原子力発電所のようなものは巨大地震の断層の真上のように危険な場所を避けることは、耐震強度以前の問題なのではないだろうか。

地球科学的視点で言うと、日本列島は世界有数の変動帯である。そこに五五基もの原子力発電所が存在する。一〇四基の原子力発電所を有するアメリカですら、プレート境界であるサンアンドレアス断層が走る西海岸に位置しているのは四基のみなのである。

軟弱地盤と長周期地震動

地震災害を大きくする「共振要因二」であり「増幅要因」でもある軟弱地盤の話に移ろう。

地質年代で「第四紀」と呼ばれている最近ほぼ二〇〇万年は、氷河期と間氷期が数万年から一〇数万年の周期で繰り返してきた。そのなかで、「第四紀が始まった二〇〇万年前から一万年前まで」のほぼ二〇〇万年を「洪積世」と呼び、「一万年前から現在まで」のほぼ一万年を「沖積世」と呼ぶ。沖積世は、一万年前に氷河期が終わったあと、海水面が一〇〇メートルも上昇した温暖な時代である。

南関東の荒川沿いの堆積層は、厚さ数一〇メートルの沖積層（沖積世に堆積した地層）と、厚さ二キロメートルに達する分厚い洪積層（沖積世に堆積した地層）の二要素からなる。洪積層の下には一キロメートルを越える第三紀堆積層（六六〇〇万年前からほぼ二〇〇万年前まで）が横たわっている。場所によっては堆積層の全体の厚さは三キロメートルを越す、世界でも希有な軟弱地盤の地域である。

このような何キロメートルもの堆積層は、地震の際に震源からやって来る地震動の内、堆積層の固有周期に合う成分に共振し、大きく増幅する。堆積層の固有周期は、単純化していうと、主要動であるS波が地表面と堆積層の底を往復する時間である。例えば、S波速度二キロメートル／秒、厚さ三キロメートルの堆積層があるとすると、堆積層の固有周期は三秒となる。

改めて書くと、大きく次の二要素に箇条書きできる。

（沖積層による共振）厚さ三〇メートルから一〇〇メートルの軟弱な沖積層は周期〇・数秒程度の地震波に共振して増幅し多くの民家を倒壊させる原因となる。

（洪積層による共振）厚さ二キロメートルから三キロメートルにもなる洪積層は周期三秒から五秒の地震波に共振して増幅すると共に、長周期地震動を生成して超高層ビルの脅威となる。

マグニチュード七クラスの地震の場合は、エネルギーの主要部分は一〇秒から二〇秒程度の地震波として放出する。従って、厚さ二キロメートルから三キロメートルの軟弱地盤によって共振する三秒から七秒の地震波は断層拡大プロセスの複雑な部分から放出されてきたもので、それゆえ、予測も簡単ではなく、そこに地震動予測の難しさがある。

千里丘陵や枚方丘陵などを作る陸上に出た洪積層は大阪層群と呼ばれており、強震動にたいしては、良い地盤とされている。このように、地盤が良いと言えるのか、悪いと言うべきなのかは、民家の脅威となる短周期の強震動を考える時か、高層ビルの脅威となる長周期地震動を考える時かで異なる。

「長周期地震動」とは、軟弱堆積層で共振した地震動が盆地構造にトラップされ、その中を上下左右の方向に行ったり来たりして、全体として、周期三秒から七秒の地震動が数十秒も揺れ続けるようになったものである。図4-8は、兵庫県南部地震のときの観測地震動、二〇〇四年紀伊半島沖地震（第六章で詳しく述べる）の時に観測された長周期地震動、次の南海地震の時の大阪の想定長周期地震動の比較である。兵庫県南部地震のときの地震動は十数秒で終了したが、東南海・南海地震のときの地震動は三分以上も揺れ続けており、顔つきがまるで異なることがわかる。

また、「地震動が長く続く」ことと「長周期地震動」が混同される場合も多い。マグニチュード八クラスの巨大地震の場合、破壊継続時間は一分から二分と長い。この間地震波を出し続けるので、「地震動が長く続く」という表現される。「長周期地震動」は、それが、地殻や堆積盆地などの中で何

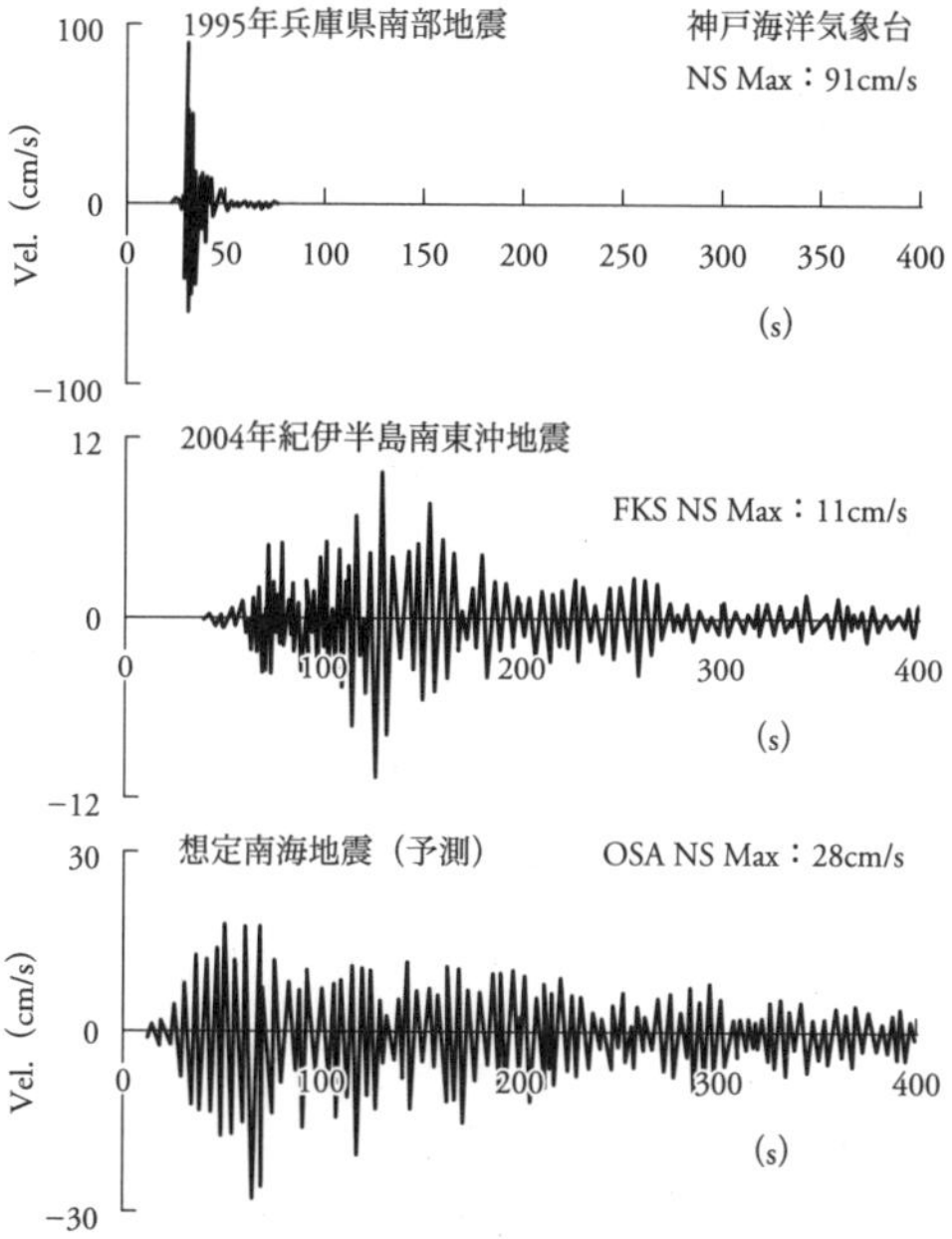

図4−8●兵庫県南部地震の時の神戸市内の記録と、紀伊半島沖地震の時の大阪市内の記録と、想定南海地震の時の想定長周期地震動。大阪では長周期地震動が３分も続く。入倉（2006）による。

度も行ったり来たりして、全体として二秒から七秒の「長周期」の地震動として、一分や二分以上、長く振動し続ける現象である。

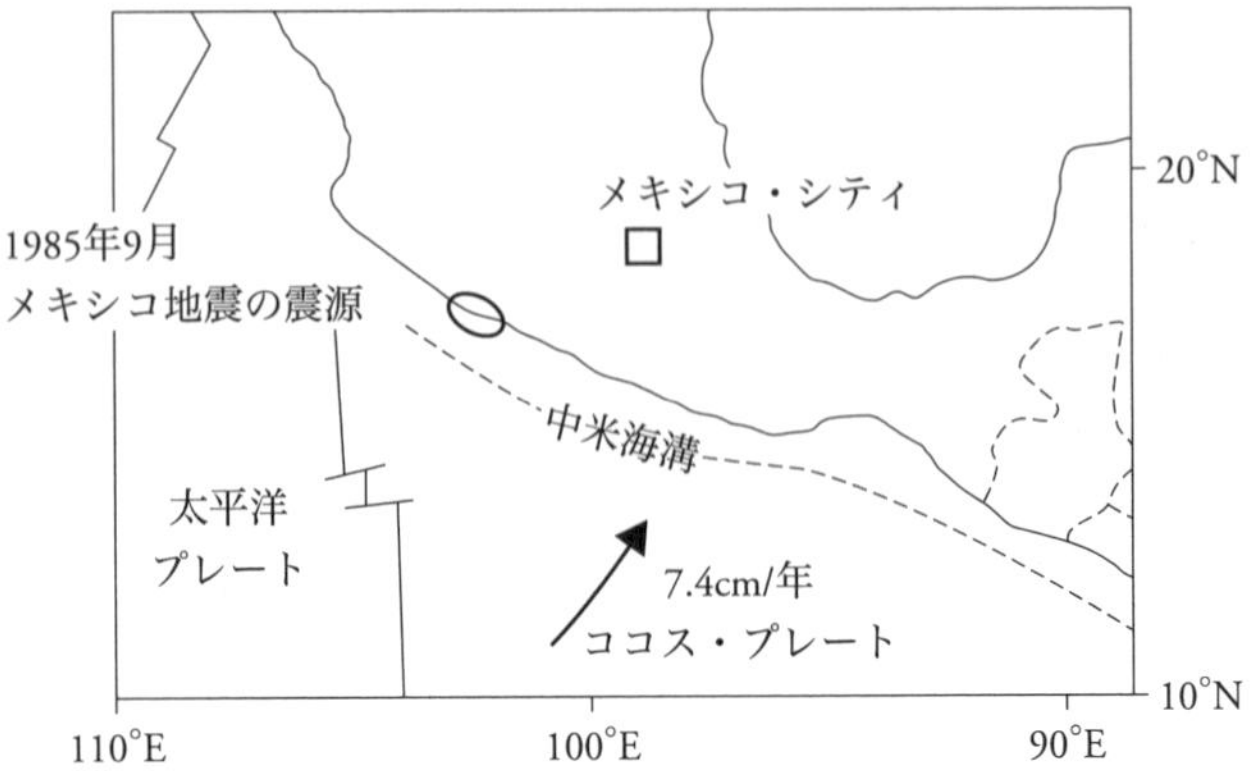

図4－9● 1985年メキシコ地震の震源域とメキシコ・シティの位置関係。

一九八五年メキシコ地震の大きな被害

理屈の上ではそうでも、実際の地震でも軟弱地盤の共振が起こるのだろうか？

メキシコの太平洋岸では、ココス・プレートが年間約四センチメートルの速度で北東に向かって沈み込んで行く。ここでは、日本海溝や南海トラフと同様に、マグニチュード八クラスの巨大地震が互いに隙間を埋め合うように発生する。

一九八五年九月、ミチョアカンの近辺で、マグニチュード七・九のメキシコ地震が発生した。図4－9には、メキシコ地震とメキシコ・シティの位置を示す。地震の直後、およそ四〇〇キロメートル離れた標高二二〇〇メートル、人口二〇〇〇万の巨大都市メキシコ・シティで、主として六階から一五階の中層のビルが一〇〇棟前後も倒壊、約九

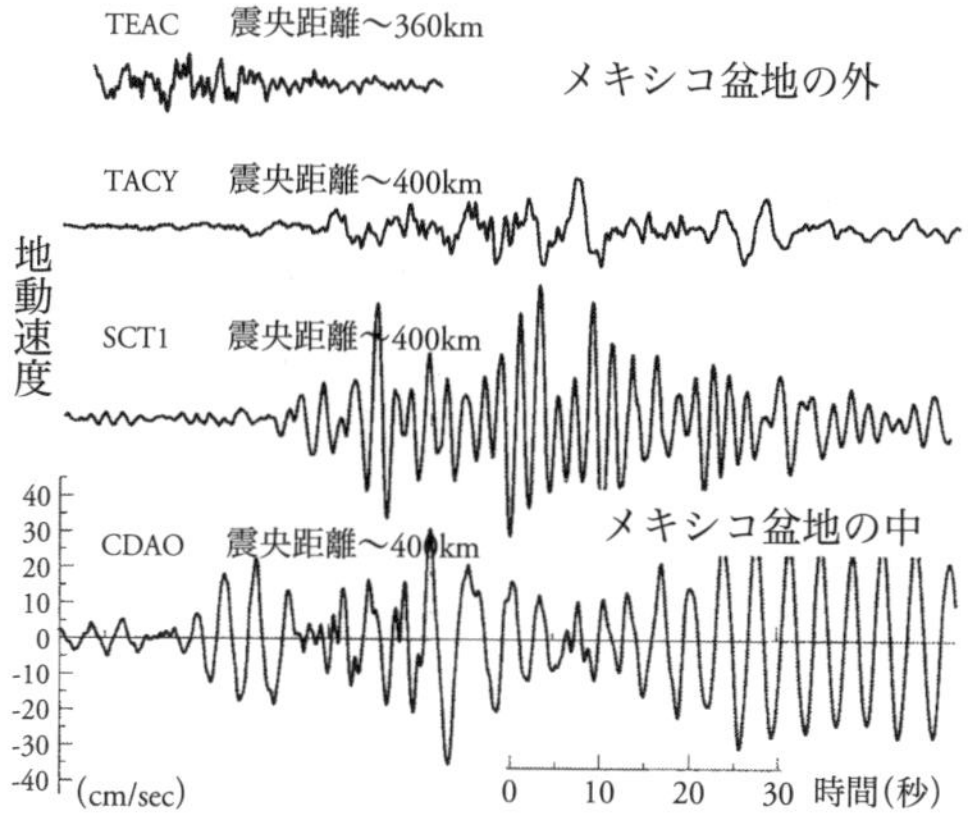

図4−10● 1985年メキシコ地震の時のメキシコ盆地の外側（TEACとTACY）と中側（SCT1とCDAO）の速度記録の比較。工藤（2002）による。

五〇〇人の死者を出す大惨事となった。「四〇〇キロメートル」は「駿河湾地震の震源域と京阪神地域との距離」、あるいは「南海地震の震源域と東京首都圏との距離」である。これほど離れた地震によって一万人もの死者が出ることは予想外であり、地震学者の間で真剣な検討が行われた。

メキシコ・シティは、もともと、琵琶湖の半分くらいのアステカ湖をスペイン人の植民者たちが埋め立てた堆積盆地の上に展開してきたもので、軟弱地盤は巨大な椀状の形をしている。図4−10に示すように、震源から伝わってきた地震波は、メキシコ盆地の外ではそれほど大きくない。しかし盆地の中に入ると、周期二秒から三秒の成分が椀状の軟弱地盤にトラップされ、その中を何度も何度も行ったり来たりしながら、一分から二分、地面を揺らし続けたことが分かった。椀状の軟弱地盤が、侵入してきた地震動に大きく共振したのである。盆地の外と中では地震動の波形はまったくことなる。盆地にこのような効果があることは昔から分かっていたが、違いは予想よりはるかに大きかったのである。

その地震動にたいして、六階から一五階の中層ビルに共振が生じ、揺れを増幅し、多数のビルを倒壊させた。軟弱地盤の共振に中層ビルの共振が重なって大きな被害を引き起こしたのであった。このことは、一九八〇年代後半には、地震研究者が共通して認識するところとなった。

メキシコ地震の時のような軟弱地盤の共振は日本でも起こっている。図4-11は、二〇〇七年能登半島地震の時の観測記録である。関東平野にはいると急に振幅が大きく、継続時間が長くなり、関東平野の三キロメートルに及ぶ分厚い軟弱地盤が共振したことがわかる。

二〇〇八年岩手・宮城内陸地震の時、岩手県南部から宮城県北部の多くの地域で震度六強を記録したが、その割に被害は少なかった。それは、この地震によって放出された地震動の主要部分の周期が〇・二秒から〇・三秒程度で、普通の住宅の固有周期である一秒より短かく、普通の家屋で共振が起こらなかったからである。地震動による被害を考えるときには、共振がキーワードであることが理解されたであろう。

現在、近鉄は、上町断層から東側に五〇〇メートルも離れていない場所（天王寺区阿倍野橋、JR天王寺駅南側）に、「都市再生特別措置法」に基づいて、高さ三一〇メートルの超高層ビルを計画してい

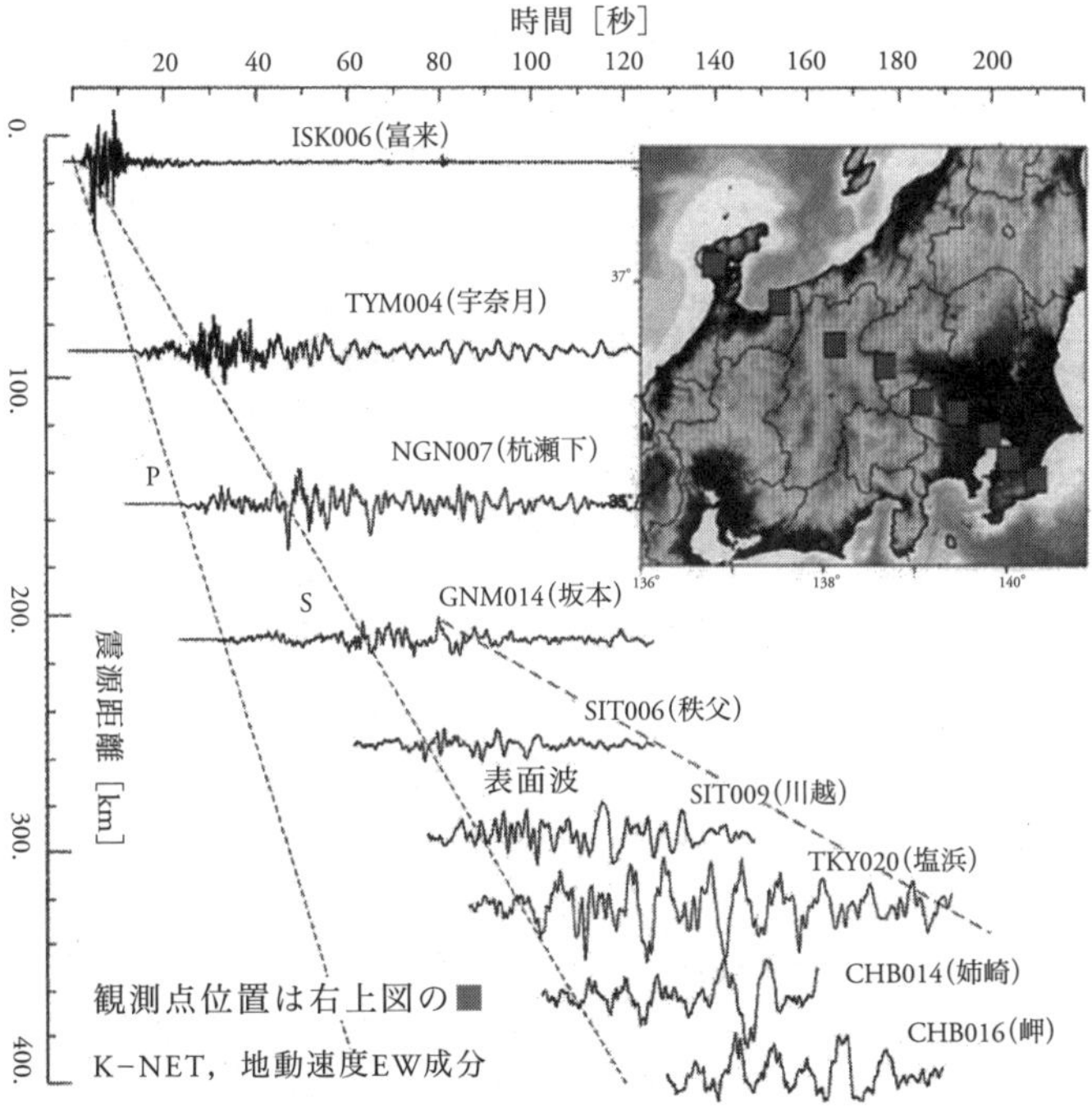

図4−11● 2007年能登半島沖地震の時の地震記録。関東平野に入ると、分厚い堆積層にトラップされ、増幅された。ただし、距離による減衰効果を除くため、振幅に距離がかけられている。古村（2007）による。

る。

近鉄の超高層ビルの固有周期は五秒程度と推定される。次の南海地震のときには、図4－8のような長周期地震動によって、二〇回も三〇回も、大きく右に左に揺られるだろう（共振要素二と共振要素三）。発生確率は一桁小さいが、上町断層が動いたときには、図4－6のような動きによってビルの地面が一メートルから二メートルほど西上方に移動し、高層ビルは衝撃的な足払いを受ける。三一〇メートルの超高層ビルが激甚な被害を受けたときは、周辺に大変な迷惑をかける。少なくとも、ビルの耐震性の検討などについての説明は周辺住民への責任であろう。

第5章

沖積平野の大都市の脆弱性

東大阪市役所の最上階から見た東大阪市内の住宅街。正面は生駒山。平野と山地の境界に生駒断層が南北に走る。

軟弱地盤と都市構造

上町台地は、帝塚山（住吉区）から天王寺を経て大阪城に至るまで、大阪平野の中央を南北に走り、大阪平野を大きく東西に二分している。縄文時代から弥生時代には浅い海が台地の東側に入り込んで「古河内潟」を作っていた（図5-1）。歴史時代に入って古河内湖は陸化したが、極めて軟弱な地層が堆積し、多くは水田にすらならない沼沢地であった。大和川は、上町台地に遮られて北に向かって古河内潟に流れこんでいたが、江戸時代には西に向かって大阪湾に直接流れ込むように流路が付け替えられ、それに伴って古河内潟の沼地は広く干拓された。その痕跡は、開発者の名前をとった鴻池新田などの地名として残っている。明治から昭和にかけて大阪平野のほとんどは水田となった。

私が物心ついた一九五〇年頃、大阪市鶴見区（当時は城東区の東半分）から東大阪市（当時は布施市、枚岡市、玉川町、若江村など）は一面の田園地帯で、その向こうには生駒山が遠望できた。私の子供時代の思い出のほとんどには、背景に生駒山がある。

小学校に入る前、私は、そこで、バッタをとり、ザリガニをとり、小川でフナを釣って遊んだ。モンシロチョウ、キチョウ、トンボが数多く飛んでおり、アゲハは贅沢だった。鬼ヤンマと銀ヤンマは子供にはなかなか手が届かなかったので、たまに運よく採れたときはうれしくて夜も眠れなかった。

そのような経験は、現在の科学者としての生き方の基礎になっている。しかし、生き物と触れ合う少年時代は、いまや大阪平野ではほとんど望めないものになってしまった。

戦後から高度成長期、もとは古河内潟であった地域に急速に住宅地が拡がった。しかも、多くの場所で古いあぜ道や小川に沿って住宅地が展開され、救急車の進入すら困難な市街地や住宅地も少なくない。このような状況の中で、東大阪市域の人口は、一九四七年の二一万人から一九六五年の二〇年間に四四万人に急増した。寝屋川市や枚方市など、他の郊外都市も同様である。大阪平野が住宅で埋め尽くされている現状を見ると驚きの外はない。

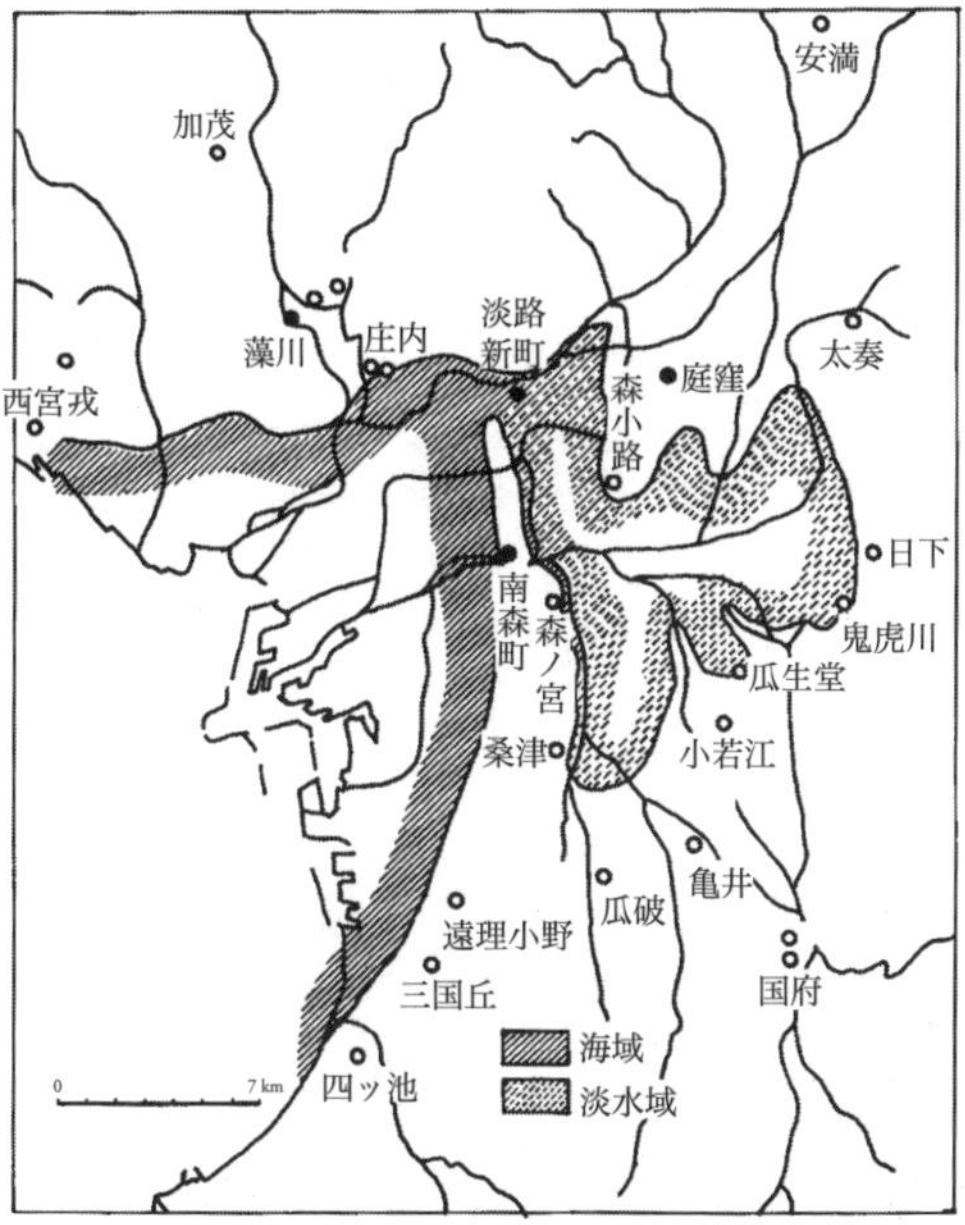

図5－1●縄文時代から弥生時代の古河内潟（中央部）。海域の部分は江戸時代から明治、大正、昭和にかけて埋め立てられた。大阪市立自然史博物館（1981）による。

東京首都圏で高度成長期に

表5-1●三大都市圏と京都の戦後から高度成長期の人口の推移。

	東京区部	練馬	柏	大阪	東大阪	枚方	京都	伏見	宇治	名古屋	春日井
昭和 20 年 (1945)	2,777			1,103					32	598	62
昭和 22 年 (1945)				1,559	212		1,042		35	853	
昭和 25 年 (1950)	5,385	121		1,956	231	45	1,130		38	1,031	
昭和 30 年 (1955)	6,969	174	45	2,547	263	59	1,230	118	40	1,337	53
昭和 35 年 (1960)	8,310	286	64	3,012	318	80	1,295	136	47	1,592	73
昭和 40 年 (1965)	8,893	407	109	3,156	443	129	1,374	163	69	1,935	118
昭和 45 年 (1970)	8,841	514	151	2,980	500	220	1,427	191	103	2,036	
昭和 50 年 (1975)	8,647	548	203	2,779	525	300	1,469	230	133	2,080	215
昭和 55 年 (1980)	8,352	560	239	2,648	522	355	1,480	257	153	2,088	245
昭和 60 年 (1985)	8,355	579	273	2,636	523	380	1,486	275	165	2,116	258
昭和 02 年 (1990)	8,164	616	305	2,624	518	389	1,468	280	177	2,155	268
昭和 07 年 (1995)	7,968	634	317	2,602	517	397	1,471	286	185	2,152	280
昭和 12 年 (2000)	8,135	657	328	2,599	515	402	1,474	288	189	2,172	291
昭和 17 年 (2005)	8,490	684	381**	2,629	512	404	1,475	285	190	2,215	301

注）□は人口急増期、**は旧沼南町分。数値は各役所のホームページによる。

急拡大した密集市街地は環状六号線と七号線のあたりである。中央防災会議の被害想定（二〇〇五）では、想定直下型地震の地震動による家屋の倒壊は、北区、荒川区、墨田区、江東区、荒川区などの荒川周辺など山手線の東側で大きいが、火災による被害は、北区、豊島区、中野区、杉並区、世田谷区、目黒区、品川区、大田区など山手線の外側の環状六号線と七号線の周辺できわだって大きい（図2-11）。

表5-1は、三大都市圏と京都の人口の推移を示している。戦後から高度成長期の一九八〇年ころまで、大都市郊外の人口が急増した様子は、三大都市圏共通であることがよく分かる。地震による人

的被害を減らすための急所は、その頃に急速に拡大した大都市郊外の密集市街地と住宅地である。

第二章で述べたように、一九六三年、「地震は、断層の突発的な運動によって地震波が放出される現象」とする「地震＝断層滑り説」が理論的に証明された。一九六八年にはプレートテクトニクスが登場した。それを背景に活断層学が展開しはじめたのが一九六〇年代後半であった。地震のリスクが科学的に評価可能になる前に、地震に脆弱な都市構造の方が先にできあがってしまったと言える。歴史に「もし」はないというが、もし「地震＝断層滑り説」の証明の方が先だったら、もし活断層学の発展が先だったら、事情はずいぶん違っていただろう。

一九六九年十勝沖地震（M七・九）や一九七八年宮城県沖地震（M七・四）などの経験から、一九八一年に耐震基準が強化された。それは現在に至るまで重要な目安としての役割を果たしている。しかし、それも、大都市圏の人口急増期が過ぎ、現在の都市と住宅市街地の構造の骨格ができあがった後であった。

上町台地と上町断層

大阪が抱える大きなリスクの源は、上町台地の西縁を南北に走る上町断層である。上町断層は、南は大阪最大のため池である久米田池（岸和田市）から北に向かい、仁徳天皇陵（堺市）の西側をかすめ、大和川を横断し、天王寺公園（天王寺区）を通り、長堀川、北浜（中央区）、扇町公園（北区）から新大阪駅（淀川区）の東を通って豊中市で有馬高槻構造線にぶつかって終わる、長さ四四キロメートルの長大な活断層である。

あまり考えたくないが、梅田や中之島（北区）など大阪の超高層ビルのほとんどが、上町断層からわずか三キロメートルの範囲内にみごとに集中している。

上町断層は厚い堆積層に覆われており、断層発掘調査は不可能なので、地震波反射法探査やボーリング掘削調査などによって過去の履歴が調べられた。それによると、地震発生間隔は八〇〇〇年、最新の地震は九〇〇〇年以前、三〇年発生確率は二%から三%である。もし上町断層でマグニチュード七・六の想定地震が発生すると、上盤側の上町台地の地面は、図4-6のように、数秒かけて西上方に一メートルほど隆起し、下盤側の御堂筋界隈は五〇センチメートルから七〇センチメートルほど沈降するだろう。図5-2は中央防災会議（二〇〇七）による震度予測である。地震動による被害に液状化が加わり、ライフラインは広範に破損し、追い打ちをかけるように、沈降して拡大したゼロメートル地帯には大量の河川水や海水が侵入してくる。

中央防災会議の被害想定（二〇〇五）によると、死者四万二〇〇〇人、地震翌日の避難者五五〇万人、帰宅困難者二〇〇万人、被害額七四兆円と見積もられている。地震一日後の断水人口七五〇万人、

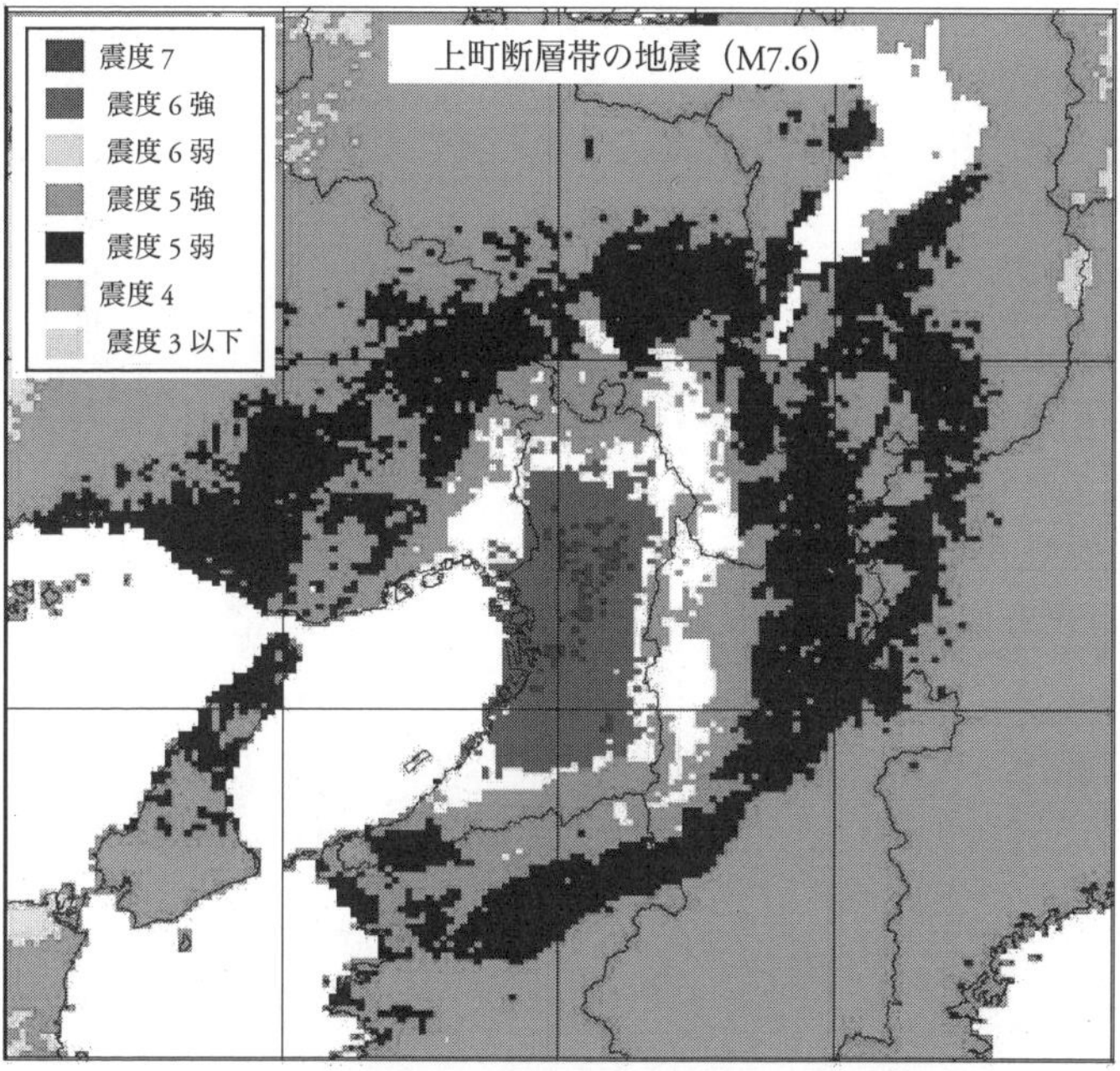

図5-2●上町断層で地震が発生した場合の想定震度。上町断層は、大阪平野の中央部を、南は岸和田市から北は豊中市まで走る長さ 44km の活断層。中央防災会議（2007）による。

下水道破損人口三九〇万、停電軒数一八〇万軒、ガス供給停止三四〇万軒、電話不能回線数二六〇万回線と想定されている。倒壊家屋や下水管の破損による道路陥没などによる不通箇所も予測はされているが、実際にどうなるかは想像もできない。

死者四万二〇〇〇人、避難者五五〇万人の想定は二〇〇八年四川地震の被害に近い。四川盆地より遙かに狭小な大阪平野に五五〇万人の食料を継続的に送り届けることは大変困難な仕事になるだろう。

密集市街地の再開発

救急車も入りにくい狭い道が多い地震にきわめて脆弱な市街地は、行政的に、「老朽住宅密集市街地」、「木造住宅密集市街地」、あるいはそれに近い名前で呼ばれている。火災の拡大を防ぐのは、片側二車線、両側四車線の広い道路であろう。歩道も無い、片側一車線、両側二車線の道路が幹線であるような町並みは、地震に対して脆弱であろう。

このような密集市街地が危険であることは行政も充分に気が付いていて、整備計画を推進している。たとえば大阪市には、「老朽住宅密集市街地」として、戦争前から市街地になっていた、生野区南部地域、福島区北西部地区、西成区北西部地区などがある（図5－3）。この地域は、大正時代に、中小企業やそこでの労働者の長屋街として無秩序に拡大した地域である。一世紀近い歴史を経て、地震に脆弱な地域として、「老朽木造住宅緊急除却事業」「主要生活道路不燃化促進整備事業」「地域の活力を引き出すまちかど広場づくり」「狭あい道路の拡幅促進整備」などの対象になった。三〇年後の東南海・南海地震の時には甚大な被害がでると想定されているにも関わらず、予算規模は二億円程度しかなく、桁が違うのではないかと思えてならない。

図5－4は、大阪府内の「木造住宅密集市街地」の分布を示す。近鉄奈良線沿線の東大阪市と、京

図5-3●大阪市の老朽住宅密集市街地。大正時代に市街地が拡大した生野区南部地域、福島区北西部地区、西成区北西部地区などがある。大阪市都市整備局のホームページ（2008）による。

市名	地区名	面積(ha)
豊中市	庄内	425
	豊南町	80
	蛍池駅周辺	6
	豊中駅周辺	14
	服部西部	16
摂津市	千里丘西・香露園	26
	正雀	12
高槻市	JR高槻駅北	3
守口市	東部	397
	八雲東町2丁目	17
門真市	門真市北部	461
寝屋川市	萱島東	49
	香里	133
	池田・大利	66
大東市	住道駅周辺	46
四條畷市	中央	34
東大阪市	徳庵駅周辺	19
	若江・岩田・瓜生堂	59
	花園駅前	9
	布施駅周辺	39
	柏田・寿町周辺	22
八尾市	JR八尾駅周辺	65
柏原市	JR柏原駅周辺	5
河内長野市	三日市町駅周辺	10
	本町長野町	5
堺市	湊	18
	湊西	35
	東湊	2
	北野田駅前	5
高石市	高石駅周辺	46
	羽衣駅周辺	53
和泉市	和泉府中駅前	5
泉大津市	泉大津駅西	50
	松之浜駅周辺	5
忠岡町	忠岡駅周辺	9
岸和田市	東岸和田	7
貝塚市	寺内町周辺	106
泉佐野市	泉佐野駅周辺	31
阪南市	尾崎駅周辺	31
合計	21市39地区	2,421

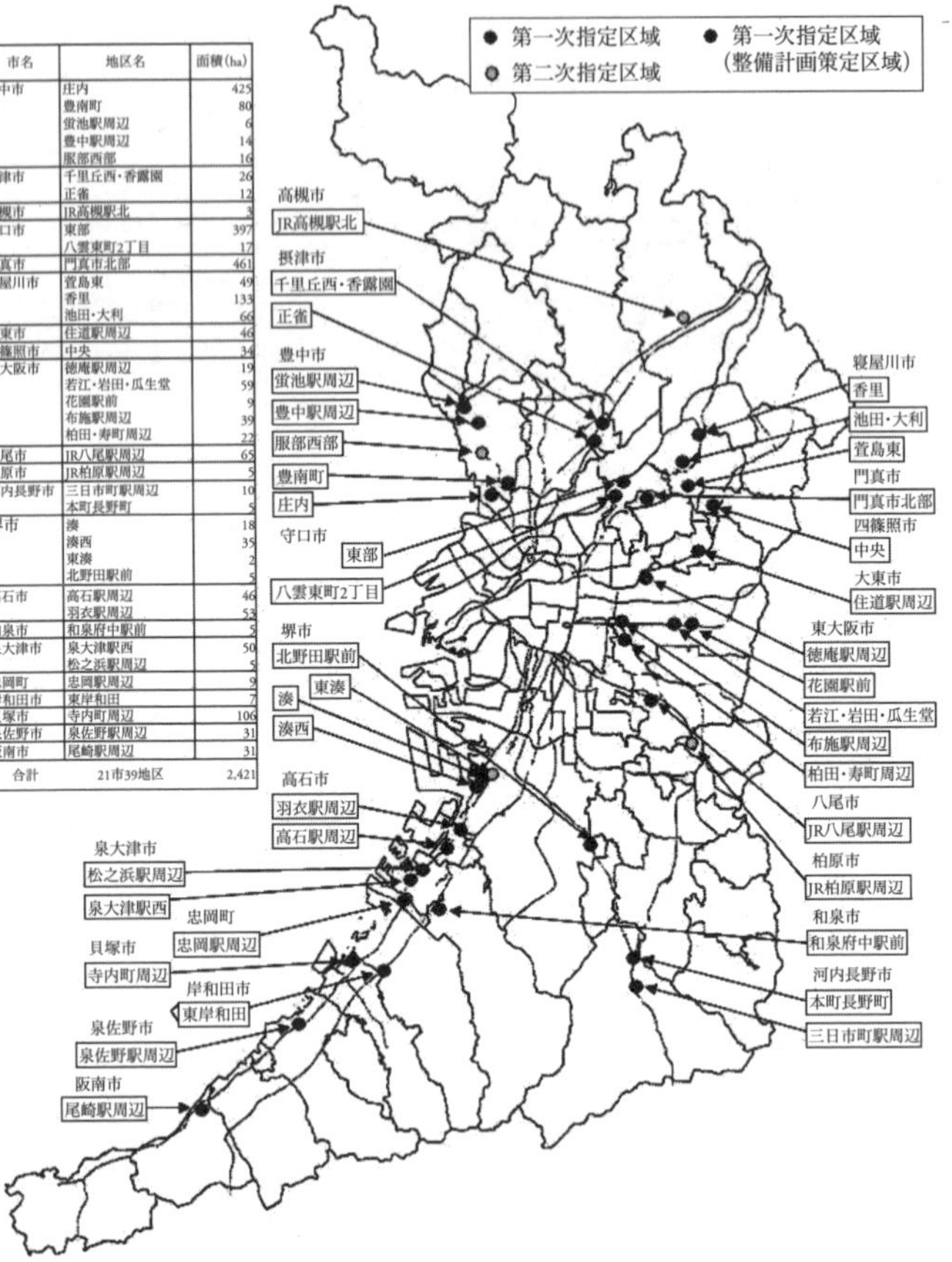

図5-4●大阪府内の木造住宅密集市街地。大阪府のホームページ「災害に強いすまいとまちづくり」(2008) による。

阪沿線の守口市、門真市、寝屋川市、枚方市、南海沿線の堺市、高石市、泉大津市などが目に付く。これらは、高度成長期（一九五〇年から一九七五年）に住宅地が急速に拡大してきた地域である。

そこに、「細い木材を軸に骨組みを作り、外側をモルタルで塗り固めた、耐震上の疑問を感じさせる住宅」が大量に作られた。このような作りの家は、地震動でモルタルが剥がれると類焼しやすい。とはいえ、どの程度地震動に弱く、類焼しやすいか、確実なことは分からない。このような造りの家が密集した住宅地が大地震による地震動を経験した事例がほとんどないからである。

しかも、三〇年後には、これらの住宅は築後七〇年から八〇年の老朽家屋となっている。その多くは急激な人口減のもとで空き家として取り残され、防災上やっかいな老朽住宅密集市街地となっている可能性が大きい。住み替えを余儀なくされることになるかもしれない貧困者の住む場所に留意しながら、市街地再開発を急ぐ必要があろう。とはいえ、市街地再開発には、地域コミュニティが崩壊するなど多くの問題点があり、総合的な取り組みが必要である。民主主義には時間がかかる。時間的余裕は多くはない。

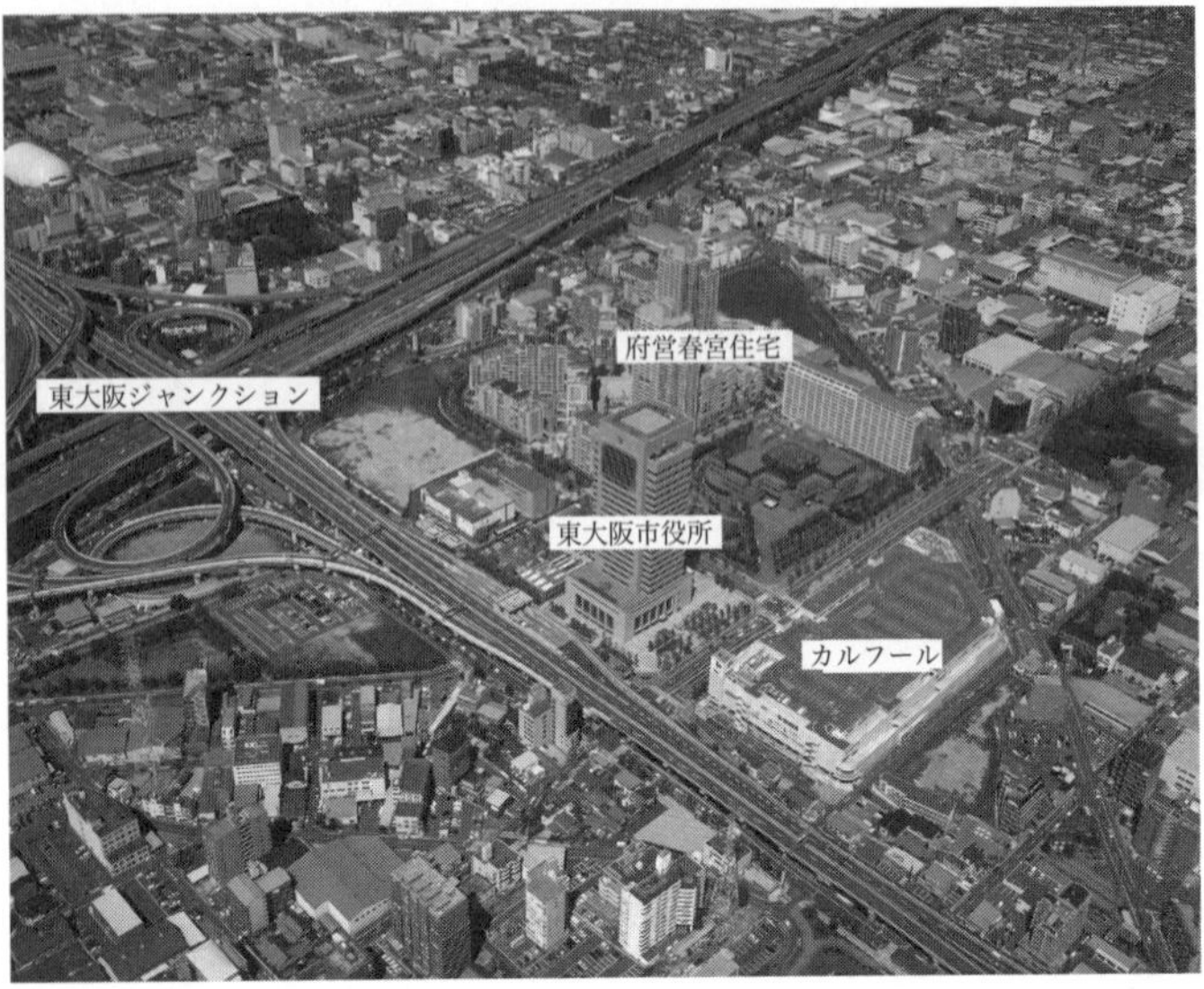

写真5－1●東大阪市荒本地区の新都心。東大阪市役所の超高層ビルと、超高層の春宮府営住宅。大阪府のホームページ「東大阪新都心の整備」(2008)による。

東大阪市の再開発モデル地区

近畿自動車道と阪神高速東大阪線の東大阪ジャンクションは大阪平野のど真ん中にあり、古河内潟(図5－1)が埋め立てられた場所である。ここはもともと、南二キロメートルを東西に走る近鉄奈良線からも、北三キロメートルのJR片町線からも遠く、狭い道を通るバスが唯一の交通手段であるような大変不便な地域であった。東方五キロメートルには生駒断層が走り、西方八キロメートルには上町断層が走る。上町断層は東に向かって高角で傾斜し、地下二〇キロメートルほどで東大阪ジャンクションの真下に達している。

東大阪ジャンクションの東側に位置する東大阪市の長田・荒本地区（写真5－1）は、市街地再開発のモデル地区の一つである。その中核の府営春宮住宅の再開発工事は、一九九一年に始まって一九九九年に終わり、六階から一四階の中層九棟、二七階から三一階（九八メートル）の高層二棟の一二〇〇戸の超高層集合住宅群に生まれ変わった。

阪神高速東大阪線の地下を走る地下鉄中央線（近鉄東大阪線と相互乗り入れ）の荒本駅を降りて地表に出て西に数分のところに、超高層（一一六メートル）の東大阪市役所がある。二二階から東方を眺めると眼前に生駒山が迫り、西方を眺めると大阪中心街の林立する超高層ビルが一望できる。

府営春宮住宅の超高層集合住宅は市役所の北側に並立している。地域一帯は、道は広く、公園も広く、生活環境も改善され、直下型地震に対する耐震性は以前よりも大幅に改善されたことは間違いない。このような再開発が可能であったのは、府営住宅という「公」が中心であったからだろう。住宅密集市街地のこのような再開発が、公営住宅でないところも含めて、大阪平野全域に、そして全国に拡大されていけば、地震災害は大幅に減るに違いない。

ただ一点、私は違和感をおぼえざるを得なかった。「超高層」だという点である。大阪平野は、図2－4のように、東南海・南海地震のリスクの方が大きい。東大阪市域の地盤は極めて軟弱で、東南海・南海地震による長周期地震動も大きいであろう。

周辺の活断層を震源断層とするマグニチュード七程度の内陸地震による強震動が揺れ続ける時間は一〇秒程度で、建物は数回右に左に揺れるだけである。しかし、マグニチュード八の東南海・南海地震が発生すれば、大阪平野では震度六の強震動が一分は続き、超高層ビルは長周期地震動によって何十回も右に左に揺れる。内部のインフラが破壊され、居住不能になるリスクは高い。それが、地盤が軟弱で、一〇〇年に一度は必ず巨大地震に襲われる地震学的束縛条件である。

大阪では、梅田、中之島、城見（大阪城の北東）、難波など、東京では、丸の内、品川、渋谷、新宿、池袋などの高度な商業地区の再開発ならともかく、「木造住宅密集市街地」の再開発は、低層や中層の高品質の集合住宅の提供を目指すべきではないだろうか。郊外住宅地の住民に長周期地震動のリスクの自覚を求めるのは無理であるし、そのようなリスクを押しつける資格は誰にもないはずだ。

東京都の木造住宅密集地域整備事業では、図5－5に示すように、大田区大森中地区、世田谷区役所周辺・三宿・太子堂地区、豊島区東池袋地区、北区十条地区、足立区西新井駅西口周辺地区、墨田区鐘ヶ淵周辺・京島地区などの密集市街地の重点整備事業が進行中である。このような地域でも、同じことが言えるだろう。

ここまでは地震災害リスクの視点から、軟弱地盤と密集木造市街地に言及してきた。東大阪の災害脆弱性を数十年の長い目で考えるときに重要なもう一つの要素は、地球温暖化にともなう一〇〇年で

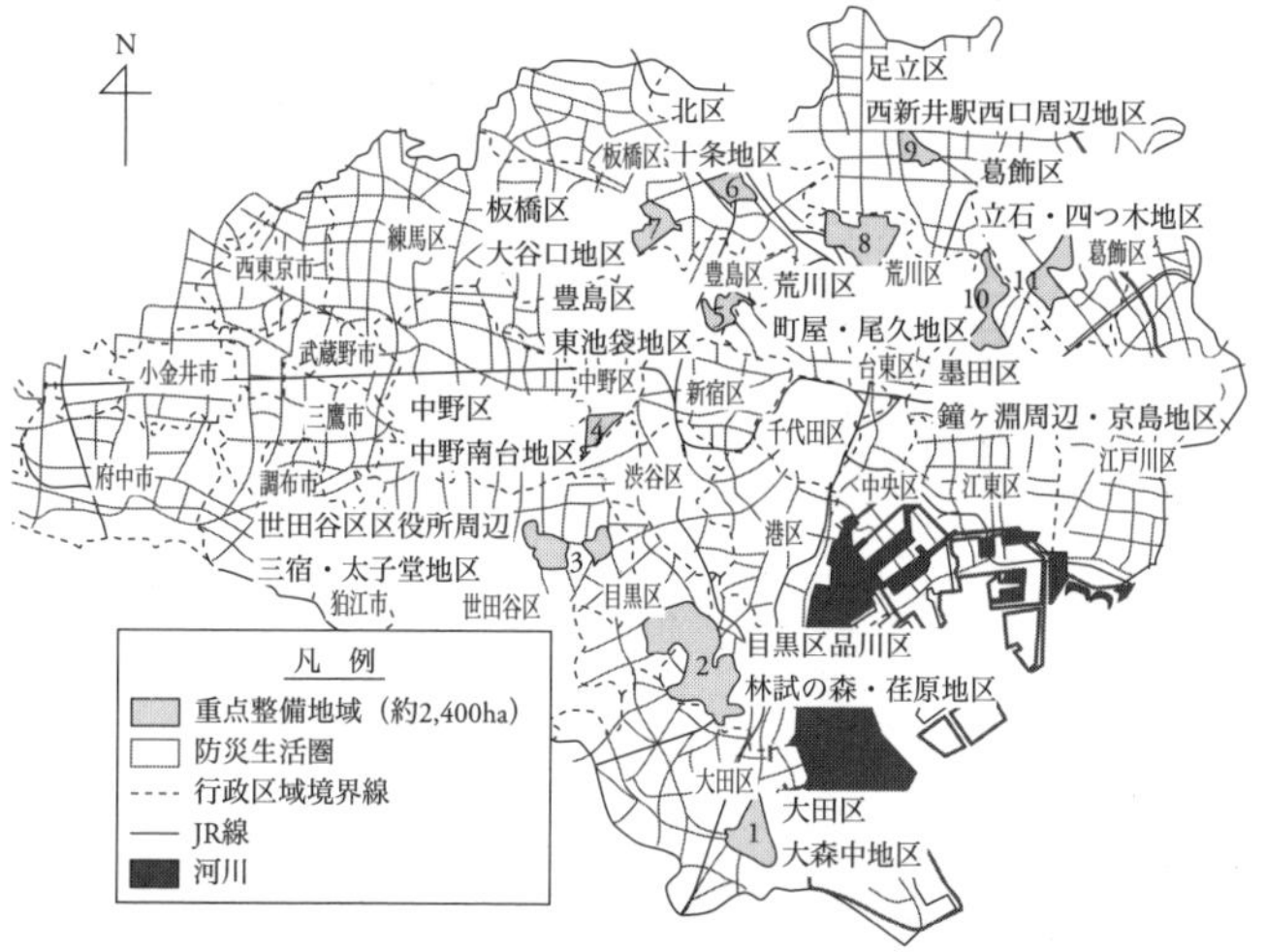

図5−5●東京都の木造住宅密集地域整備事業対象地区。東京都都市整備局のホームページ「東京都木造住宅密集地域整備事業」（2008）による。

六〇センチメートルと予想されている海水面上昇である。海水面が数十センチメートルも上昇すると、東大阪もゼロメートル地帯に仲間入りする。そこまでいかなくても、温暖化にともなう激しい豪雨や、東南海・南海地震の地震動によって淀川や大和川の堤防が決壊すると、大きな被害が出る上、長期間滞水するものと予想される。そのようなリスクに備えるという意味でも、改めて、高度成長期に展開されてきた密集市街地の再開発は急ぐ必要があることを強調しておきたい。

ただし、このような再開発では、現在よりも大きな「公」の存在が不可欠であろう。用地買収、インフラ整備、道路建設などのコストは高い。このような再開発は、民間企業には負担が重く、「公」からの多少の財政的支援があっても、独立採算を基本とする限り、密集市街地の再開発は進まない。

三木の振動台と耐震補強

しかし、「公」による市街地再開発が期待できない場合には、個人はどうすればいいのだろうか？京都から山陽自動車道を西に向かい、三木東インターを降りて南に向かうと三木市震災公園があり、その中に、防災科学技術研究所の兵庫耐震工学センターの「実大三次元震動破壊実験施設」（E−ディフェンス）が建っている。普通の民家はもちろん、中層の実物大の建物を実際の地震と同じ揺れで揺らし、建物の弱点や限界を明らかにし、地震防災に役立てようという施設である。

写真5−2は、二〇〇五年一一月に行われた振動実験の写真である。それまで明石市内で普通の市民生活の場として三〇年間使われていた二棟の民家を移設し、兵庫県南部地震の時にJR鷹取駅で記録された地震記録と同じ揺れを与えて揺らした結果を示す。耐震補強をした左側の棟はほとんど損壊しなかったが、耐震補強しなかった右側の棟は倒壊してしまった。兵庫県南部地震の時に、明石が鷹取と同じように揺れたら、その家屋の住民は大けがをするか、悪くすると亡くなったであろう。耐震補強の効果は絶大である。

写真5-2● 2005年11月に行われた振動実験の写真。それまで普通の市民生活の場として30年間使われていた2棟の民家を明石から移設し、兵庫県南部地震の時にJR鷹取駅で記録された地震記録と同じ揺れを与えて揺らした。耐震補強をした左側の棟はほとんど損壊しなかったが、耐震補強しなかった右側の棟は崩壊してしまった。防災科学技術研究所（2005）による。

結論は明白である。崩壊した家の下で死なないためにも、また、そこから火を出して周辺の人々の迷惑にならないためにも、ともかく耐震診断・耐震補強することだと言えよう。もし、一九八一年以前の耐震基準で立てられた家屋のほとんどが耐震診断・耐震補強を受ければ、地震被害は劇的に減少するに違いない。耐震補強に耐火補強が加わるとさらに心強い。しかも、倒れた家屋は大量の瓦礫になって環境に負荷を与え、再建のために木材を消費する。住宅の耐震補強・耐火補強は環境に対する負荷をも減らす。しかし、時々新聞記事になるように、住宅の耐震補強は遅々として進まない。なぜなのだろうか？　効果は明白で、危機は迫っているのに、なぜだろうか？　三〇年はそんなに先ではない。日本人は将来に備える心を失ってしまったのだろうか？

●管理放棄マンション

二〇〇八年七月一五日の朝日新聞の記事「わが家のミカタ」によると、分譲マンションは今や五〇〇万戸を越え、一三〇〇万人の生活の場になっている。そのうち、一九八一年の耐震基準の強化以前に建てられたマンションは約一〇〇万戸（二万棟）と推定されている。これらのマンションのうち約一万棟は、震度六強以上の地震動で倒壊の恐れがある。しかし、分譲マンションの場合は、エレベーターや廊下などは共同所有で、区分所有法により、修理や建て替えには所有者の八割以上の賛成を必要とする。ましてや、一戸あたり一〇〇〇万円レベルの費用が必要とされる建て替えはほとんど進まない。

共用部分の管理は住民が作る管理組合の責任である。しかし、住民が高齢化すれば管理もおろそかになり、賃貸に出して管理に無関心になった人などが増え、マンションが荒れ出す。側壁や廊下の補修もままならなくなれば、水漏れも確実に修理できず、ついには壁が崩れ落ちる事態も生じる。そうなると防災上も危険である。築三〇年以上のものは毎年ほぼ一〇万戸の割合で増えていく。その中で、管理が破綻し、荒廃し、ゴミまみれになった「管理放棄マンション」が増えつつある。このような状況が是正もされないで数十年後に東南海・南海地震を迎えるとどうなるのか、予想もつかない。

イギリスでは、高層マンションの荒廃に手を焼き、高層分譲マンションの建設が禁止された。

老朽化するライフライン

戦後の高度成長期の郊外都市の急速な拡大とともに上水道も下水道も急速に延びた。

二〇〇八年四月八日の朝日新聞の記事によると、国内の上水道は延べ約六〇〇万キロメートルに達する。配水管の法定耐用年数は四〇年だが、四〇年を越えた水道管は二割弱になり、今のままでいくと、二〇二〇年には四割近くになる。

二〇〇八年三月末に発表された国土交通省の「下水管路の損傷状況に関する点検等調査（第五回）」によると、重要路線下にある下水管二万二一七〇キロメートルのうち、対策が必要とされた下水管はほぼ半分である。下水管の老朽化による道路陥没事故は、二〇〇六年度には全国約四四〇〇ヶ所で発生した。

老朽化に対する迅速な対応を怠れば、次第に道路陥没が交通事故を多発させ、社会生活に深刻な影響を及ぼすようになるだろう。大地震の時には、老朽配水管や老朽下水管の破損に起因する道路の陥没によって車の通行が広域的に困難になり、食料の供給が遅れて避難民の生活を苦痛に満ちたものにするだろう。数十年後に確実にやってくる東南海・南海地震のことを考えると、都市の老朽化するライフラインは深刻な問題である。しかし、全国の水道企業のほとんどは赤字で、更新はままならない。

ある週末、東大阪市役所の二二階から大阪平野を眺望しながら、乱立する超高層ビル群と、至る所に展開する密集市街地や老朽化するライフラインとのアンバランスは一体何なのだろうかと考え込んでしまった。新聞記事を読む限りでは、政治家たちは、道路を造ることには情熱を注いでいるが、ライフラインにはほとんど関心を示さないように見える。このような状況を打開するためにはジャーナリズムとアカデミズムの責任も大きいが、最終的に政治を動かすのは市民であり住民である。

第6章 地震リスクの先送り——超高層ビルの乱立

六本木ヒルズ森タワー（東京都港区）から見た新宿の超高層ビル街

●地震学と社会

老朽化する密集市街地と乱立する超高層ビル。このアンバランスはいったい何なのか？　どこから来たのか？　地震学、地球科学、防災科学の世界だけで生きてきた私のような者にはよく分からない。分かりにくいことに対しては、歴史という軸を入れると分かりやすくなることは経験が教えるところであろう。この章は、第二章で整理した地震「脆弱性三」の超高層ビルに焦点を当てて、私の専門領域である地震学の発展と、領域外ではあるが、災害対策基本法、全国総合開発計画、建築基準法、都市計画法など、戦後の都市計画の枠組みの変遷をたどりたい。これらの問題に関しては、『「都市再生」を問う』（五十嵐敬喜・小川明雄、二〇〇三）を参考にした。地震学者が「都市計画は領域外」といぶかしく思う人も多いかも知れない。しかし、理学系の地震学の講義では、物理数学から始まって地球深部の構造に及ぶが、工学系のテーマである都市計画について学ぶことはない。

法の枠組み

一九五九年九月下旬、伊勢湾台風が西日本一帯を襲った。特に名古屋市南部のゼロメートル地帯は数ヶ月も水没状態になった。名古屋市内だけでほぼ二〇〇〇人、全体で死者・行方不明者併せてほぼ五一〇〇人の犠牲者を出し、国民に大きな衝撃を与えた。

伊勢湾台風の衝撃を受けて、一九六一年、「災害対策基本法」が制定された。総則には、

この法律は、国土並びに国民の生命、身体及び財産を災害から保護するため、防災に関し、国、地方公共団体及びその他の公共機関を通じて必要な体制を確立し、責任の所在を明確にするとともに、防災計画の作成、災害予防、災害応急対策、災害復旧及び防災に関する財政金融措置その他必要な災害対策の基本を定めることにより、総合的かつ計画的な防災行政の整備及び推進を図り、もつて社会の秩序の維持と公共の福祉の確保に資することを目的とする。

と書かれている。我々は、この理念を肝に銘じておきたい。

一九六二年、第一次全国総合開発計画が策定された。戦後の高度成長期においては、ひたすら工業

化が推進されたが、それによって生じた社会の歪みは大きかった。その事実を念頭に、第一次全総では、目的が次のように書かれている。もしこの目的が達成されていれば、日本は災害にも強い国になっていたに違いない。

一．国土総合開発の究極の目標は、資源の開発、利用とその合理的かつ適切な地域配分を通して、わが国経済の均衡ある安定的発展と民生の向上、福利の増進をはかり、もって、全地域、全国民がひとしく豊かな生活に安住し近代的便益を享受しうるような福祉国家を建設することにある。

二　この目標を達成するための施策はつぎの観点から推進されなければならない。

（1）住宅、上下水道、交通、文教および保健衛生施設等の国民生活に直接関連する公共施設については、たんに経済効果等にとらわれることなく、地域間の格差是正に重点をおいて、その整備拡充をはかること。

（2）道路、港湾、鉄道、用水等産業発展のための公共的基礎施設についても地域間格差是正の見地から整備をはかる必要があるが、他方当面する貿易自由化等の趨勢に対処し、国民経済的視野にたって適切な産業立地体制を整えることをあわせ考慮すること。

問題は第二条の第（2）項に、「適切な産業立地体制」というさりげない表現で「拠点方式」が書かれていたことである。一九六二年の第一次から一九九八年の第五次に至る全国総合開発計画（以下、全総と略記する）は、表現こそ違え、基本的は「地域間の格差是正」という理念と拠点方式の組み合わせからなっている。拠点方式と中央集権的な政治と行政のあり方が、常に理念を裏切り、日本の社会のあり方を決め、災害の有り様（災害脆弱性）に大きな影響を与えてきたと言えよう。

建築基準法と都市計画法

第一次全総と同じ年、それに呼応して建築基準法が改定され、三一メートルの高さ制限が撤廃され、代わりに容積率と建坪率が取り入れられた。日本では、一九二三年関東大震災の教訓から、建築基準法によって建築物には三一メートルの高さ制限が設けられていたが、一九六〇年頃には、高層ビルを建てる建築技術が熟してきたとも言えよう。なお、容積率とは「建築物の延べ面積の敷地面積に対する割合」（建築基準法第五二条）で、建坪率とは、敷地面積の内、建物を建ててもよい面積である。たとえば、建坪率が六〇％で容積率が一〇〇％の一〇〇坪の土地だと、住居を建てることができる面積が六〇坪で、床面積は一〇〇坪が限界である。

高さ制限の撤廃は、日本における都市のあり方を大きく変えた。日本で最初の超高層ビルである霞ヶ関ビル（千代田区、一四七メートル）は一九六五年に起工し、一九六八年に完成した。一九七一年には京王プラザ・ホテル（新宿区、一七八メートル）が開業した。

一九六八年には都市計画法が改訂され、住宅地域、商業地域、工場地域などの用途別に、建坪率と容積率が全国一律に定められた。「どういう町に住みたいのかは住民が決める」と言う地方分権の思想はなく、全国一律の緩い規制と、補助金を通した中央集権の行政システムが、すべてを決めていった。

諸外国に比べても容積率が大きく設定されたので、それは全国各地でビルを建てる刺激となった。たとえば京都では、主要街路沿いのほとんどが容積率四〇〇％の商業地域に指定された。しだいに主要街路に面した町並みのほとんどはマンションなどのビルに占められるようになり、今では伝統の町家の家並みはほとんど失われてしまった。現在の京都町並みを見て「京都の住民は歴史的町並みを愛する気持ちはなかったのか？」という外部者の不満をしばしば耳にするが、「京都の住民が状況を理解できないでいるうちに事態が進行してしまった」という方が適切であろう。

マサチュセッツ州ボストン、コロラド州ボールダー、フランスのパリなど、「私の町は美しい」、あるいは「私が生まれ育った町は美しい」と自慢する友人を持っている。ところが、不思議なことに、「京都の町は美しい」と自慢する人にお目にかかったことがない。少なくとも、町並みのこれ以上の劣化は防ぎたいものである。

一九六九年に至って、佐藤内閣は第二次全総を定めた。そのころは、第一次全総の行き詰まりは明

らかになっていた。第二次全総では、

限られた国土資源を前提として、地域特性を生かしつつ、歴史的、伝統的文化に根ざし、人間と自然との調和のとれた安定感のある「健康で文化的な人間居住の総合的環境」を計画的に整備すること

が目標として定められた。

関東大地震の断層モデル

一九七二年、第二章でも述べたように、プレートテクトニクスの枠組みの中で、一九二三年関東大地震の断層モデル（図2-9）が提出され、地震学界にも社会にも大きなインパクトを与えた。そのモデルによれば、フィリピン海プレートは、相模トラフから、北の方向に向かって、年間約三センチメートルの速度で、関東平野の下に沈み込んでいく。そのため、沈み込んで行くプレートの境界面で、ほぼ二二〇年間隔で、マグニチュード八クラスの巨大地震が繰り返す。

しかし、「巨大地震の地震断層面が首都圏直下に迫っている」という「地震学的危険因子」が、そ

の後の首都圏の都市政策では、ほとんど忘れ去られたことは不思議である。

「田園都市国家の構想」

全総を基本として、全国各地で「健康で文化的な人間居住の総合的環境」が作られるはずであったが、現実には、一九七〇年代、公害や自然破壊が深刻な問題となった。

都市計画という考え方は、もともと、一九世紀の産業革命期のイギリスで生まれた。工場が吐き出す排煙や廃液から市民を守るため、住宅地を工場から分離することが当初の目的であった。それは、のちに、「どういう町に住みたいのかは住民が決める」という地方分権の考え方に進化して行った。

一九七七年、福田内閣によって第三次全総が閣議決定された。それは、大都市への人口集中を抑制し、個性にあふれる地方都市を造る「定住圏構想」を骨組みとしていた。地方重視、地方分権へ少し足を踏み出したように思われた。

大平首相は、この方向をさらに進め、一九七九年一月の施政方針演説で、

私は、都市の持つ高い生産性、良質な情報と、民族の苗代ともいうべき田園の持つ豊かな自然、潤いのある人

間関係とを結合させ、健康でゆとりのある田園都市づくりの構想を進めてまいりたいと考えております。緑と自然に包まれ、安らぎに満ち、郷土愛とみずみずしい人間関係が脈打つ地域生活圏が全国的に展開され、大都市、地方都市、農山漁村のそれぞれの地域の自主性と個性を生かしつつ、均衡のとれた多彩な国土を形成しなければなりません（外務省のホームページ「わが外交の近況　一九七九年版」）。

と述べた。これこそが「美しい国　日本」であろうと思えてならない。

一九八〇年六月、総選挙の告示まもなく大平首相が急死、総選挙は自民党が圧勝した。それは、急死への同情票だけではなく、田園都市づくりの理念への共感が国民の間にあったのかもしれない。大平首相の死の直後、その政策研究会から、『田園都市国家の構想』が出版された。それには、「人口一〇万から三〇万人程度の地域中核都市を中心に、自然との調和の中に美しい都市的環境の整備された人口五万から一〇万人程度の地方中小都市や、農山漁村が有機的に一体となり、日本全体に多層重層的なネットワークを形成する」と、地方重視の理念が明確に述べられている。

一九六八年十勝沖地震、一九七八年宮城沖地震の経験をふまえ、一九八一年、建築基準法施行令が改正され、耐震基準が強化された。一九九五年の阪神淡路大震災の時、震災の帯の中で、一九八一年以前に建てられた建築物の倒壊は多かったが、一九八一年の耐震基準で建てられた建築物の倒壊はほとんどなかった。被災者には不幸なことであったが、一九八一年耐震基準の効果が実証される結果となり、地震防災上の重要な指標となった。

規制緩和による民間投資の推進

一九八二年に中曽根首相が登場して、大平首相の二年間とは空気が大きく変わった。中曽根首相は、「規制緩和による民間投資の推進」を提唱、大都市への投資の集中への転換を強力に推し進め、「アーバン・ルネッサンス」と称した。それは、二〇年後の超高層ビル乱立の序章であったように思われる。

それに呼応し、東京都は「東京都長期計画」を策定し、新宿、渋谷、池袋に、上野・浅草、錦糸町・亀戸、大崎の三地域を加え、六副都心構想を公表した。大蔵省からは、品川駅東口の国鉄跡地（現在は超高層ビル街）、千代田区紀尾井町の司法研修所跡地（城西大学紀尾井町キャンパス）、新宿区西戸山の公務員宿舎跡地（西戸山タワーガーデン）など多くの国有地が民間に売却された。

一九八六年、第四次全総の検討が始まったが、決着がつくまで大もめにもめた。中曽根首相の指示の下、「定住圏構想」の理念は捨て去り、東京の中枢機能の強化を重点とする原案に、地方から大きな反対の声がわき起こったからである。熊本県知事であった細川護熙は、一九八六年一二月九日の朝

日新聞の論壇「東京集中の四全総に失望　地方の活力をそぐ」で、

国からの財政資金のパイプが先細りしていく一方、「民活」などという、うまい話は地方の乏しい経済力の中では、絵空事の感さえある。（中略）恐るべき集中化を追認するに過ぎないかのような印象を与える四全総の基調は、地方の活力をそぐばかりか、国全体としてのエネルギーの高揚にもブレーキをかけるものだといわざるをえない。

と痛烈な批判を行った。一九八七年六月に至って、地方の希望も多少は取り入れる形でやっと第四次全総は閣議決定に至った。

一九八七年から一九九〇年までのほぼ四年間、急激なドル高（一ドル二五〇円から一三〇円）や過剰な金融緩和を引き金に、日本はバブル景気に沸き立った。銀行は際限なくお金を貸し出し、株価も地価もうなぎ登りに上昇し、「不動産鑑定士の試験には受験者が殺到」というようなニュースが、新聞やテレビに連日登場した。

「実体経済を反映していない」とか、「二〇年もすれば急激な人口減の時代を迎えるので、土地需要が継続するはずもない」という冷静な意見もあったが、政府は、「世界の中心都市としての東京は今後も発展を続け、オフィス需要は拡大しつつあり、これに対して供給はまだまだ不足している」との見解に固執し、火に油を注ぎ続けた。

一九八九年、異常な地価上昇を前にして、海部内閣は「土地基本法」を制定した。その第二条には「土地については、公共の福祉を優先させるものとする」と書かれている。

バブル景気のあと

一九八五年九月、マグニチュード七・九のメキシコ地震が発生した。震源から伝搬してきた地震動はメキシコシティ直下のお椀状の軟弱地盤に共振して大きな振幅の長周期地震動となり、それに共振して、主として六階から一五階の高層ビルが一〇〇棟前後も倒壊、ほぼ九五〇〇人の死者を出す大災害となったことは、すでに第四章で述べた通りである。このことは、一九八〇年代後半には、地震研究者が共通して認識するところとなった。

地震学の研究成果が研究者コミュニティに広く認められ、さらに世の中に認識されるようになるには、ある程度の年月が必要である。したがって、一九八〇年代までは、超高層ビルの計画にあたって長周期地震動のリスクが考慮の対象でなかったことは、残念ながらやむをえない面もあるかもしれない。しかし、一九九〇年以降については、「行政にも産業界にも、長周期地震動についての地震学の成果を積極的に取り入れる姿勢が希薄であった」と言わざるをえない。

一九九二年、バブル景気の崩壊が明らかになりつつあるなか、宮澤内閣によって、都市計画法と建築基準法が大幅改正され、自治体には地域のあり方のマスタープランの策定が義務づけられ、住宅地を守るという視点がある程度打ち出された。「マスタープランの策定」とは、住民が自分たちの町をどのようにしたいかを考え、それが尊重されるということを原理的には意味するはずである。それは重要な要素のはずであった。

一九九三年、政治的激震が起こった。八月には、日本新党の細川護熙を首相とし、新党さきがけ、新生党、公明党、民社党、社会党を糾合する非自民党連立政権が誕生した。熊本県知事であった細川護熙が中曽根首相を批判してから七年後であった。

一九九四年四月には羽田政権に変わった。一九九四年六月から一九九六年一月までは社会党の村山富市を首相とする自民・社会・新党さきがけの連立政権が続いた。

一九九四年、政府は建築基準法を改定し、空中権の売買を可能にした。容積率を使い切っていないビルの容積を隣に建てるビルが買い取って使えるという制度である。これによって、さらに超高層ビルが建てやすい環境整備が進んだ。

一九九五年兵庫県南部地震の被害

一九九五年一月、兵庫県南部地震（M七・三）が発生し、約六四〇〇人の犠牲者を出した。このとき、神戸市の中心部を西南西から東北東に延びる震災の帯では激甚な被害が生じた。同時に、そごう神戸店、阪急会館（阪急三宮駅）、三菱銀行兵庫支店などの多くの中層ビルが倒壊寸前に至った。

一方、超高層ビルでは、高さ一三五メートルのホテル・オークラ神戸の一部が壊れて二ヶ月弱の休業に追い込まれた。六甲アイランドに建てられた高さ一四〇メートルのイーストコート三番街は、電源や水道などのライフラインが破損し、住民には、水の入ったポリタンクを四〇階まで持ち上げる生活がしばらく続いた。芦屋沖の埋め立て地に建つ芦屋浜シーサイドタウンの多くの超高層アパートでは鉄骨柱の破断が起こった。しかし、これらの超高層ビルは、特に深刻な破壊には至ることなく、耐震補強ののち、現在でも通常の用途に用いられている。これらの事例は、「激烈な地震動に直撃された場合、超高層ビルの方が安全」という奇妙な錯覚の土壌になっているように思われる。

単純化すると、家屋や中層ビルが大きな被害を受けたのは、神戸市内の地震動の卓越周期が、家屋や中層ビルの固有周期に近い周期一秒から一・五秒だったので、家屋や中層ビルに大きな共振が生じたからである。家屋と中層ビルの固有周期が同じ程度というのも奇妙な気もするが、ビルは固い作りなので、サイズの割に固有周期が短い。

しかし、次の東南海・南海地震のときには、軟弱堆積層によって増幅された周期三秒から五秒の長周期地震動に共振し、超高層ビルの方が大きな打撃を受けるだろう。建築技術は確かに進歩した。最近の超高層ビルが海溝型巨大地震による長周期地震動が原因で倒壊してしまうようなことはほとんどないであろう。しかし、たとえ倒壊を免れても、数分も続く強烈な長周期地震動によって、電源は落ち、火災報知器は作動せず、消火栓は作動せず、情報は途絶える。火事が起きても止める手段はない。なぜなら、いつ来るか分からない巨大地震のためには、コストが高すぎて、これらのインフラは強烈な長周期地震動に耐える強度には作られていないからである。悪くすると住人が窓の外に放り出される危険もある。幸運にも生き延びても外部に避難することも困難になる。最終的には居住も不可能になる事態もありうる。そこに住む住民のためにはそうならないことを祈りたいが、今後の対策を促すためには危険を強調しておきたい。

超高層ビル建築ラッシュ

一九九七年には、橋本内閣の「新総合土地政策推進要綱」によって、「優良事業の容積率の割り増し」、「密集市街地の再整備」、「定期借地権制度」などが制度化された。「優良事業の容積率の割り増し」とは、単純化して言えば、大手企業などによって行われる大規模な再開発には、容積率をおまけしましょうという制度である。

一九九九年には、「地方分権一括法」が成立した。「国と地方自治体は対等」とする画期的な法律であった。しかし、中央省庁は強い抵抗を示し、実質的な権限委譲は少なく、財源委譲はそれ以上に少なく、地方分権の実効はほとんどあがっていない。多くの自治体では地方交付税が減り、地方自治はむしろ弱体化したと言えよう。

二〇〇〇年には、堺屋太一経済企画庁長官の肝いりで立ち上げられた「経済戦略会議」の提唱で「都市再生推進懇談会」が制度化され、「都市再生推進懇談会（東京圏）」は「東京圏の都市再生に向けて――国際都市の魅力を高めるために」、「都市再生推進懇談会（京阪神地域）」は「住みたい街、訪れたい街、働きたい街」と題する報告を提出した。要点は、土地の高度利用と都市基盤の整備など、公共投資の大都市集中である。

「東京圏の都市再生に向けて」に呼応して、石原都知事は、「東京構想二〇〇〇――千客万来の世界都市をめざして」という一五年計画を発表し、「環状メガポリス」構想を打ち出した。ここでも、要点は、土地の有効・高度利用と、首都環状道路、羽田空港の再拡張、鉄道網の整備などの都市集中投資である。

二〇〇一年には、小泉本部長（首相）に主導される「都市再生本部」が、改めて、公共工事の大都市への集中、大都市圏における環状道路体系の整備を打ち出した。

二〇〇二年には、一〇年の時限立法として、「都市再生特別措置法」が制定され、「都市再生緊急整備地域」の事業に対して、都市計画法や建築基準法の大幅な適用除外が取り入れられた。同年七月に閣議決定された「都市再生基本方針」の第一条の一には、

二十一世紀の我が国の活力の源泉である都市について、急速な情報化、国際化、少子高齢化等の社会経済情勢の変化に対応して、その魅力と国際競争力を高めることが、都市再生の基本的な意義である。

また、都市再生は、民間に存在する資金やノウハウなどの民間の力を引き出し、それを都市に振り向け、さらに新たな需要を喚起することから、経済再生の実現につながる。

さらに、都市再生は、土地の流動化を通じて不良債権問題の解消に寄与する。

と書かれており、都市への公共投資の集中の目的が、一九八〇年代後半のバブル経済の時期に発生した不良債権問題の解消でもあることが明確にされている。

「都市再生緊急整備地域」が指定されたが、顔を出すのは、相変わらず、東京駅・有楽町駅周辺地域、新橋周辺・赤坂・六本木地域、秋葉原・神田地域、新宿駅周辺地域、横浜みなとみらい地域、難

波・湊町地域などである。

首都圏の災害に対応する「広域防災拠点の確保」や、「密集市街地の都市開発事業」など、それ自体は非常に重要な要素なのだが、単にアリバイとしてしか取り上げていないように見える。

二〇〇三年には六本木ヒルズ森タワー（二三八メートル）が開業した。

紀伊半島沖地震による長周期地震動

ところで、長周期地震動のリスクといっても、メキシコという外国の経験であり、地震動の数値シミュレーションなどの仮想空間での結果に過ぎない。日本でもアメリカ西海岸でも、海溝型巨大地震による長周期地震動によって、高層ビルが二〇回も三〇回も右に左に揺られた経験は無く、超高層ビルが長周期地震動に対して危険だという説も、安全だという説も、いずれも「まだ実証されていない」という考えもありうる。

ところが、二〇〇四年九月五日午後七時七分、紀伊半島一〇〇キロメートル沖でマグニチュード六・九の地震が発生したとき、周期三秒から五秒の長周期地震動によって大阪平野の超高層ビルが三〇秒ほど揺れ続け、そこで働いている人々を驚かせた。意外なことに、震源から三五〇キロメートルも離れた東京の超高層ビルも、三〇秒から一分ほど、周期六秒から一〇秒の長周期地震動によって大きく揺れ続けたのである。原因は、第五章で述べた、世界でもまれな分厚い堆積層による共振である。図6-1の上図はこのときの震度分布を、下図は長周期地震動の変位震幅を示す。震度は、震源を中心にほぼ同心円状の分布をするが、長周期地震動の振幅は、東京湾沿岸部や、濃尾平野、大阪平野、富山平野で大きい。特に東京湾奥部では、最大振幅二〇センチメートルにも達した。

ほぼ五時間後の午後一二時前には、マグニチュード七・四の本震が発生し、同様のことが起こった。これらの経験は、世界でも希有な分厚い軟弱堆積層の上に展開する日本の大都市における長周期地震動のリスクを半ば実証したものと見なせるであろう。

マグニチュード七クラスの地震の場合はこの程度ですんだが、マグニチュード八の本番（次の東南海・南海地震）では、振幅が三倍から五倍、継続時間も三倍から五倍（一〇〇秒から二〇〇秒）の長周期地震動が東京、名古屋、大阪の超高層ビルを襲う。メキシコ地震の被害を思い出してぞっとした地震研究者は多かった。

次の東南海・南海地震による被害は、強震動という意味でも、長周期地震動という意味でも、一九四四年東南海地震や一九四六年南海地震の時代とはまるで違うだろう。特に重要な要素は、一九四〇年代にはなかったものが特に大きな被害を受けるということである。それは、高度成長期に軟弱地盤の上に拡大した密集市街地、超高層ビル、沿岸域の石油タンク、巨大工場などである。

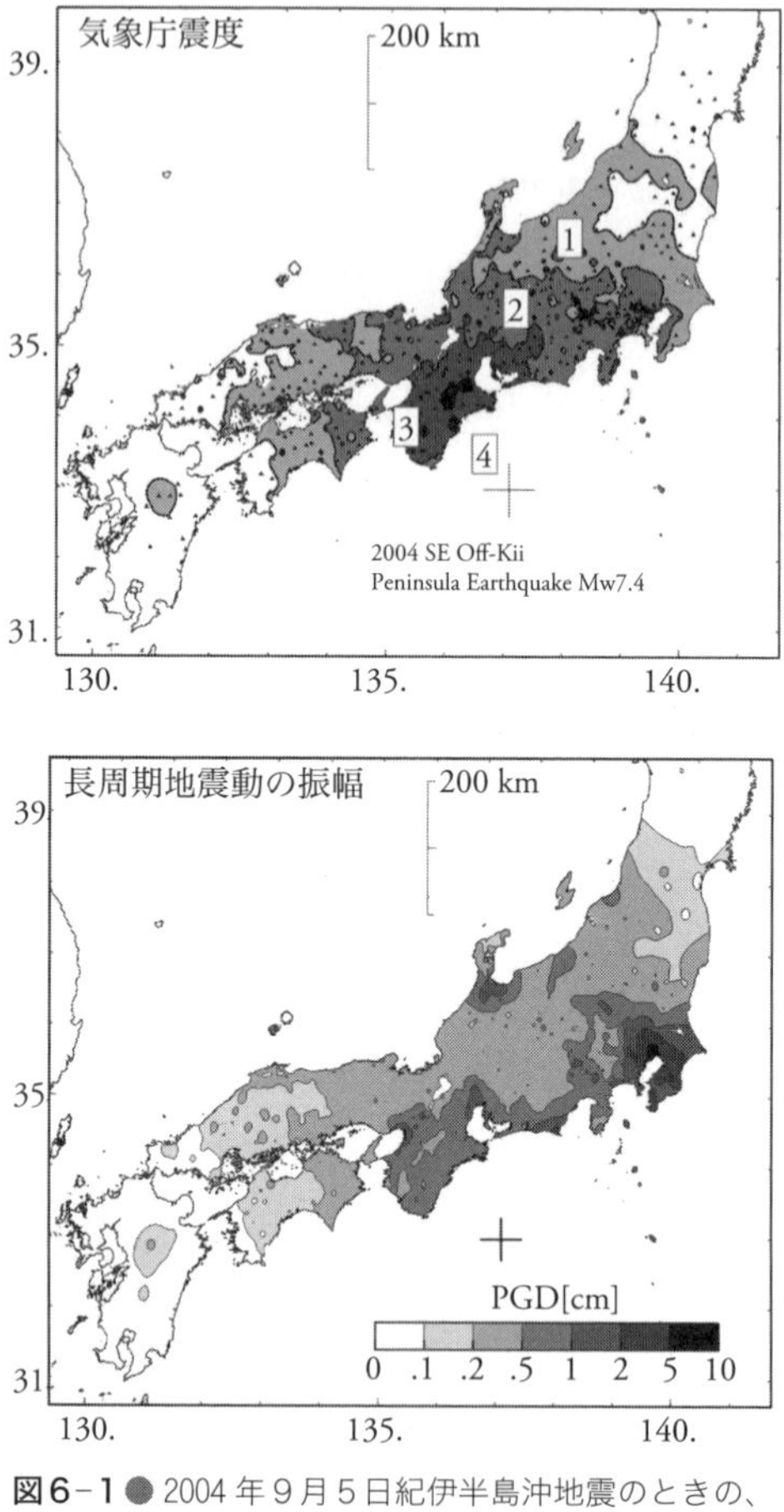

図6-1● 2004年9月5日紀伊半島沖地震のときの、（上）震度分布と（下）長周期地震動の最大変位振幅の分布。東京湾周辺部では、長周期地震動の最大振幅は20cmにも達した。Furumura et al. (2008) による。

安政の東海地震の時（一八五四年）、江戸の震度は四であった。メキシコ地震や紀伊半島沖地震の経験を当てはめると、次の東南海・南海地震の時には、遠く離れた東京では、普通の家屋は、あまり被害はないが、超高層ビルのみが大きな打撃を受けるという事態も予想される。

二〇〇六年一一月、土木学会と日本建築学会は、「海溝型巨大地震による長周期地震動と土木・建築構造物の耐震性向上に関する共同宣言」を出した。「長周期地震動」による超高層ビルの被害が、従来の想定を大幅に上回る恐れがあることを二つの学会が宣言したと言えるだろう。

二〇〇八年一月、前章で紹介した実大三次元震動破壊実験施設（E-ディフェンス）（兵庫県三木市）で、超高層ビルの三〇階（ほぼ一五〇メートル）を想定した震動台実験が行われた。もちろん、超高層ビルそのものを揺らしたのではない。東南海・南海地震の想定地震動を元に、ビルによる増幅効果を取り入れてビルの最上階の揺れを予測し、部屋のモデルを、最大加速度五〇〇ガル、最大揺れ幅一・五メートルで揺らしたものである。システムキッチン、リビング、机などが、約三分間にわたって右に左に床を走り回る様子は、長周期地震動の怖さを教えてくれた。

乱立する超高層ビルへの不安

二〇〇八年現在、東京では一五〇メートル以上の超高層ビルは八〇棟を超える。大阪でも二〇棟、横浜・川崎で一〇棟、名古屋で六棟を超える。

東海道新幹線で東京に行くと、多摩川を渡って品川駅に近づくにつれ、超高層ビル群が目に入ってくる。品川駅東口には、一四八メートルの太陽生命品川ビル（設計は大林組）、一四八メートルの品川イーストワンタワー（日本設計）、一四四メートルのキャノン販売品川本社ビル（キャノン販売品川本社ビル新築工事設計ＪＶ）などが林立している。さらに東京に近づいて新橋駅に近くなると、右手に、汐留シオサイトの高密度の超高層ビル群が姿を現す。ここは品川駅東口より高く、二一六メートルの汐留シティセンター（ケビン・ローシュ）、二一三メートルの電通本社ビル（大林組）、一九三メートルの日本テレビタワー（三菱地所）と、一七〇メートルより高層のビルが七棟も建っている。なお、品川駅東口も汐留シオサイトも、旧国鉄から民間企業に払い下げられた土地である。私は、ここを通りかかるたびに「どうか地震が発生しないでください」と神様や仏様に祈らずにはいられない。「万という想像をこえる人々が不自然に狭い場所に集められている」という生理的な意味でも、体調の悪い日には恐怖心を感じるのだが、うっかり声を上げると乗務員が駆けつけかねないので黙って乗り過ごし

写真6－1●大阪駅前梅田地区の超高層ビル群

ている。

大阪とて同じである。写真6－1はJR大阪駅の梅田地区（大阪市北区）の一角の超高層ビル群である。大阪駅すぐ前の立地条件の良い場所で超高層ビルの歴史が古いので一五〇m以上のビルは少ないが、超高層ビルが林立している場所であることは間違いない。このブロックの隣のブロックに、高さ一九〇mのハービス大阪（リッツ・カールトン・ホテル、竹中工務店）、一七三mの梅田スカイビル（原広司／アトリエφ建築研究所）、一七〇mのサンケイビル（三菱地所）、一六五mの茶屋町アプローズ（阪急ホテル・コマ劇場、竹中工務店）、一五五mの安田生命ビル（日建設計）、一五〇mのハービスエントタワー（竹中工務店）などが乱立している。南に向かって一〇分ほど歩いて中之島に出ると、一九五mの新関電ビル（日建設計）、一六〇mの中之島ダイビルイースト（日建設計）、一四二mの住友生命中之島ビル（日建設計）、一四一ｍの中之島セントラルタワー（日建設計）、一四〇ｍの中之島三井ビル（日建設計）が中之島を取り囲むように建っている。

乱立する超高層ビルを見るたびに、日本がバブル景気に沸き立っていた一九八〇年代末、「世界の中心都市としての東京は今後も発展を続け、オフィス需要は拡大しつつあり、これに対して供給はまだまだ不足している」と言って火に油を注いだ政治と行政の失敗と、土地投機に手を出さなかった企業が、その後、いらざる苦しみを受けなかった歴史を思い出す。

ただし、私は、超高層ビルに対する建築技術者の情熱を頭から否定するものではない。ＮＨＫのプロジェクトＸで「霞が関ビル、超高層への果てなき闘い」を見たときには、同じ理系の人間として共感を禁じ得なかった。少数の超高層ビルは大都市の景観のアクセントともなるであろうし、最上階からの眺望は市民の息抜きともなり得る。そして、地域にもよるが、超高層ビルが、ある種の「元気」をもたらしていることも否定できない。

私はそれほど外国を旅行しているわけではない。それでも、二年間のアメリカでの研究員生活の間に、ボストン、ニューヨーク、ワシントンＤＣ、デンバー、サンフランシスコなどアメリカの諸都市を見て回り、その後、パリ、ハンブルグ、ウィーンなどヨーロッパの諸都市も見てきた。これらの諸都市でも、東京ほどないにしても多くの超高層ビルは建てられているし、エッフェル塔のような超高層の建造物もある。

これら欧米の先進諸国と決定的に異なるのは、「マグニチュード七クラスの地震の三〇年確率は七〇%、五〇年確率は九〇%」などという「危険因子」と、世界的にも希な軟弱地盤という「増幅要因」である。私は、日本の大都市に乱立する超高層ビルは、やはり不条理と思わざるをえない。

あらためて述べると、次の東南海・南海地震の時には、長周期地震動によって多くの超高層ビルの内部は破壊されるだろう。そのため倒産する企業が続出すると、地震被害で疲弊している日本経済に対する追撃となるだろう。二〇〇八年現在、超高層分譲マンションは全国で四〇〇棟を越えた。八割以上は二〇〇〇年以降に建設されたものである。分譲マンションの場合は、部屋の所有者達が資金を出し合って修理しなければならない。放棄される高層ビルも生じるかもしれない。

日本の政治と経済のリーダーたちは、なぜ、地震学的「危険因子」と「増幅要因」を無視した、超高層ビルの乱立というリスクに満ちた政策をとるのだろうか？　子供の世代や孫の世代に地震リスクを先送りしているだけではないのだろうか。

ここまで述べてきた足下の地震リスクは、二〇年も前から明確なことであった。したがって、二〇〇〇年に、「東京圏の都市再生に向けて——国際都市の魅力を高めるために」という報告書を出した「都市再生推進懇談会（東京圏）」でも、「住みたい街、訪れたい街、働きたい街」という報告を出した「都市再生推進懇談会（京阪神地域）」でも、二〇〇一年に「都市再生緊急整備地域」を出した「都市再生本部」でも、十分に検討されたはずであろう。それでも超高層ビルの乱立を促すような政策を打ち出したのは、議論の末に、「バブル後の経済の立て直しのためには、巨大地震のリスクを先送りにしよう」という「決断」を下したと読み取るほかはない。その決断の中身が、どこに、どのように公表されているのか、私は寡聞にして知らない。経済戦略会議や、都市再生本部、都市再生推進懇談会のリーダーたちには、その「決断」と理由付けを国民に周知し、アカウンタビリティの規範となってほしい。

痛恨の思いがするのだが、日本が超高層ビル・バブルに浮き足立っている間に、ライフラインは老朽化し、格差が拡大し、生活保護受給人数は急増し、犯罪も急増し、国民健康保険の納付率は九〇%を切るまで下がり、セイフティネットは痩せ細った。日本人の生活を下支えする「農」と「医」も崩壊に瀕するようになった。

このコントラストを目の前にして、大都市のみに資源を集中投下させ、超高層ビルを建てる巨大企業の自由の放逸を許容してきた政治と行政による国の舵取りそのものの失敗でなければいったい何が原因なのだろうかと思えてならない。

細川護熙が、一九八六年一二月九日の朝日新聞の論壇で述べた、「恐るべき集中化を追認するに過ぎないかのような印象を与える四全総の基調は、地方の活力をそぐばかりか、国全体としてのエネルギーの高揚にもブレーキをかけるものだといわざるをえない」という指摘は不幸にも的中してしまったようにみえる。

第7章 超高層ビル社会への提案

大阪市北区中之島の超高層ビル群

超高層ビルの社会的コスト

前章までに、地震学的「危険因子」としての海溝型地震と内陸型地震、「危険増幅要因」としての軟弱地盤について述べた。ここでは、「地震脆弱性」としての大都会の超高層ビルの乱立に関わる問題点について議論したい。また、「危険因子が社会の脆弱性に出会った時に災害は生じる」のだということを、改めて強調しておきたい。

二〇〇二年、「都市再生特別措置法」が制定されたとき、驚くべきことに、国や自治体に対して、「都市開発事業の施行に関連して必要となる公共施設その他の公益的施設の整備の促進に努める」ように義務づけた。それは、一言で言うと、「都市再生特別措置法」に基づいて「都市再生緊急整備地域」とさえ指定されていれば、高層ビルや高層マンションなどが造られたとき、その周辺の道路や、住民の子供のための小学校などを自治体の責任で整備するように義務付けられたのである。このようなことが自治体の大きな負担になっていることは言うまでもない。乏しい自治体の財政のもとでは、老朽化したライフラインの整備、既存の学校の耐震化など、既に住んでいる住民のための施策は後回しにされる。

四〇数年前になるが、千葉県の友納健人知事（当時）は、「公共施設を地元の市町村に依存する寄生虫的な団地建設はお断りする」と当時の日本住宅公団に申し入れた。今も図式は変わらない。「都市再生特別措置法」は寄生虫的な高層ビルの建設を合法化したものと言えよう。私のような世間知らずの目には、「本来なら事業者が負担しなければならない公共施設や公益的施設のコストを事業者の利益に転化させる仕組み」が作られたと見えてしかたがない。

『新・都市論TOKYO』(隅研吾・清野由美、二〇〇八)の要約によれば、六本木ヒルズの中心的役割を担った森ビル社長の森稔の「アーバン・ニューディール政策」は、「今の時代の都心部で一戸建てにこだわることは、公共の利益から言って罪悪である。都心の居住はすべて高層にして、その分、緑地や道路などを整備すれば、優れた住的環境を東京に取り戻せる」というものである。

切り売りされた「公」の土地に超高層ビルを建てただけの東京汐留シオサイトなどとは異なり、六本木ヒルズは、テレビ朝日の土地を中心に、六〇〇人もの地権者がいた六本木六丁目の民家を買い取った地域再開発である。その中心は森タワーであるが、その周辺はできるだけ低く抑え、庭園や緑地などの空間的余裕が作り出された。

ライブドア事件などで悪役のイメージが行き渡ってしまったが、六本木ヒルズは、以前から住民から要望があった、地域の東西を結ぶ長さ四〇〇メートルの六本木ケヤキ道路を、私有部分を削って造ってしまい、それを東京都に寄付した。寄生虫的なやりかたとは逆である。その代償に容積率のおまけをもらったとはいえ、コストへの跳ね返りも大きかった。家賃は、三〇平米の部屋でほぼ五〇万円、九〇平米の部屋でほぼ一〇〇万円である。

森社長に率いられる森ビルは、賃貸はしても、もとの地権者のなどの例外を除いて分譲はしない。それは、地震リスクや放棄マンションのリスクは持ち主である企業が負うという宣言であろう。

『新・都市論TOKYO』の著者たちは、三菱や三井など昔からの老舗企業に比べて圧倒的に不利な条件のもとで、これだけ面倒なことをやり遂げ、彼らなりの都市開発の理念をやり遂げた森ビルにエールを送っている。ただし、「都市機能を集積させることによって生活の質を高める」という思想は『災害社会』の考えとは必ずしも相容れない。

日本の個性——木の文化と多彩な景観

民間活力を生かすと称して高層ビルの乱立を促す政治と行政は、その言い訳を「国際的都市間競争」だという。確かに、ソウル、北京、上海、香港、台北、シンガポールなどとの諸都市との競争は凄まじいようだ。

だが私は、一九九〇年代のある時期のパソコンの競争の歴史を思い出す。そのころ、パソコン業界では激しい価格競争をしており、価格を下げるためには競争相手の会社の部品を使うことも普通になった。その結果、どの会社のパソコンも中身は同じ、違うのはデザインだけとなり、価格は極限まで下がった。その挙げ句、韓国や台湾の企業との競争に負けてしまった。中身が同じで価格だけの個性なき競争なら、人件費の安い韓国や台湾の企業に負けるに決まっている。その後は、日本のパソコンメーカーは、製品の個性化と他社製品との差別化に心を砕くようになった。

ロンドンでは、一九九八年、都市諮問委員会が、「ロンドンは、世界都市であるために必ずしも超高層ビルを必要としない。二等の都市が権威付けのために必要としている」、「超高層ビルは富と権威と影響力の顕示である」との勧告書をまとめた（『まちづくりと景観』田村明、二〇〇五）。

国際的都市間競争は、「個性を誇り、相手の個性を尊敬しあう競争」でありたい。では、中国や韓国にはなく、日本にしかない魅力的な個性とは何だろうか。それは数多くあると思うが、基層をなすものは、「木の文化」と「繰り返す地震や火山の噴火活動などによって形成された多彩な景観」であろう。

アラブ世界ならともかく、四川地震で倒壊した学校や家屋が石作りであることに違和感を感じた人は多いに違いない。もちろん木の家は存在するが、少数派である。周辺の山々の木がふんだんに利用できるはずなのに、何故、中国では木で家を建てる文化が育たなかったのか、私は不勉強で知らない。木の文化は日本の個性である。

かつて日本が中国文明をモデルにしたように、北ヨーロッパの国々は地中海文明をモデルにした。

エドウィン・ライシャワー（元アメリカ合衆国駐日大使、元ハーバード大学、一九一〇―一九九〇）は、『ライシャワーの日本史』（講談社学術文庫、二〇〇一）の中で、日本文化と北ヨーロッパの国々の文化を比較し、「日本文化と中国文明の距離」は「北ヨーロッパの国々の文化と地中海文明の距離」よりずっと大きく、日本は個性的で独創的な文化を創り出したと述べている。

「木の文化」の弱点は火災だ。「木の文化」の象徴ともいえる歴史的文化財の保護は、京都や奈良における地震防災対策の主要な柱の一つである。いまや、日本におけるコンビニの数はほぼ五万に達したが、一方で、お寺や神社の数は七万強である。お寺や神社などの歴史的文化財は、単に宗教の場であるだけでなく、日本人の心のあり方のよりどころである。もし地震で多くの歴史的文化財を失えば、日本人の心のあり方の一つを失うことになる。コンビニと違って、一度失うと取り戻せない。地震などによって京都の町から歴史的文化財が失われてしまえば、そこはもう京都ではないと言えよう。

多くの日本人は、何の不思議とも思わないで眺めているが、緑豊かな山地と平野の境界が活断層によって区切られた京都盆地や大阪平野のような景観は世界でも希有である。日本のようにプレートの沈み込み帯に伴う活動的な変動帯にしか見られない。そこに人々が住み、個性的で独創的な文化を育ててきた。このような景観を愛することは文化の一部であるし、町の中からこのような景観を楽しむことは、京都や奈良などの古都に住むアメニティの主要な要素であろう。尾池和夫（二〇〇三年から二〇〇八年まで京都大学総長）は、このような景観を俳句という文化の中に巧みに読み込み、俳句と景観を結合させて「俳景」という言葉を生み出している(『俳景』、一九九九)。

大阪についても同様のことが言える。私の子供時代、自宅の二階の物干し台から、東には生駒山が見え、西には大阪城が見えたし、大阪市内の至る所から大阪城が見えた。それは大阪に住むことのアメニティの重要な要素ではなかったのだろうか。今は、大阪市内の至る所に高層ビルがそびえ立ち、大阪城を市民の目から遮蔽している。

国民の財産——公共施設の跡地

大都市の地震脆弱性を是正するために必要な要素の一つは「被災後の避難のための空間の確保と、救援活動の備え」であろう。ここでは、東京都中野区のJR中野駅北西に当たる警察大学校跡地の利用問題に言及したい。

ここは、元々は、中野区と杉並区民約一〇万人の避難場所と想定されていた。ところが、二〇〇二年に誕生した新区長のもとで、高層ビルを中心とする町作りに変更されてしまった。直下型地震によって大規模な火災被害が発生すると想定されている環状五号線と六号線に挟まれている地域で、避難場所となるべき空間を無くしてしまうことに私は強い疑いを感じる。税収の増大を計るために防災を犠牲にするのは本末転倒なのではないだろうか。

現在、東京湾の臨海地区の有明（江東区）に、首都圏直下型地震が起こったときの大規模災害に対応する「基幹的広域防災拠点」として、国営防災公園の整備が進行中である。このような大事な施設を、よりによって地盤が劣悪で、液状化や落橋による孤立化のリスクの高い場所になぜ作るのだろうか。それより、大規模な火災被害が発生すると予想されているが地盤は比較的よい中野区の警察大学校等跡地に作った方が実効的であろう。中野区を拠点にすれば、首都圏直下型地震による火災被害集中地域に対する迅速なアクセスが可能であろう。とはいえ、東京湾臨海地区も地震リスクに満ちた、きわめて危険な場所であることも確かである。本来は、有明地区と中野区の警察大学校跡地の両方に必要と言うべきかもしれない。

大阪府でも、堺市沖の埋め立て地に、「堺泉北港広域防災拠点」を整備中である。ここでも、地盤が劣悪で孤立化のリスクの高い場所などに作るよりも、吹田操車場跡地（大阪府吹田市と摂津市）、泉佐野コスモポリス跡地（大阪府泉佐野市）など、適地はいくらでもあるのではないだろうか。

価値観の異なる者が共存するのが民主主義である。当然、議論と決定には時間がかかる。その手間を省き、時代に合わせるような民間大手企業への国有地の払い下げと超高層ビルの建設を強引に推し進める政治や行政の動きは、「公」が先頭に立って社会の災害脆弱化を加速していると言わざるをえない。

「災害対策基本法」の総則には、「防災に関し、国、地方公共団体及びその他の公共機関を通じて必要な体制を確立し、責任の所在を明確にするとともに、防災計画の作成、災害予防、災害応急対策、災害復旧及び防災に関する財政金融措置その他必要な災害対策の基本を定めることにより、総合的かつ計画的な防災行政の整備及び推進を図り（略）」と書かれている。孤立化のリスクの高い場所に「基幹的広域防災拠点」を設けるのは、「総合的かつ計画的な防災行政の整備及び推進」の主旨に合わない。

理系の知恵——緊急地震速報

「はじめに」でも述べたように、アスペリティ、ゆっくり地震など、最近一〇年の地震学の目覚ましい進歩にもかかわらず、現在の時点では、「地震発生に至る物理的プロセスの予測を通した予知」は困難である。予知は困難でも、発生した地震についての情報を秒単位の迅速さで発信すれば、人々に降りかかる災害を大幅に減少させることができるだろう。そのような思いの中から出てきたものの一つが緊急地震速報である。「強い地震動に襲われる前に、これから揺れることをあらかじめ知る」ということは人類の夢であったが、猶予時間はわずかかも知れないが実現したのである。それによって、後述するように、制震などの工学的技術にも新しい局面をもたらす可能性も開けてきた。

高校の地学で学ぶ知識では、震源の位置は、三観測点のP波の到達時刻が無いと決まらない。ところが、固定観念から離れて、一観測点のデータから震源の位置を粗っぽく推定し、三観測点のデータで震源を決める場合に比べて数秒早めることを考えたのが、気象庁の束田進也のグループである。たったの数秒であるが減災上の価値は大きい。彼らは、この研究によって、地震学会の二〇〇五年度論文賞を受賞した。地震による揺れをあらかじめ知るという考え方自体は数一〇年も前から繰り返して提唱されてきたが、次に述べるような一観測点のデータから震源の位置が推定できるという理系の知恵によって、始めて緊急地震速報という形で現実化できたと言える。

詳細は数学的になるので、ここでは概略のみを述べよう。P波は進行する方向に振動するので、P波の揺れの方向から、P波が来る方向が分かる。次に伝搬途中における振動エネルギーの物理的減衰のため、「P波の立ち上がり」は、震源から離れるにつれて、図7-1の、1、2、3のように緩やかになる。したがって、「P波の立ち上がり」からは、粗っぽく距離が推定できる。これがポイントである。方向と距離がわかれば震源の位置がわかり、振幅からおよそのマグニチュードが推定できる。時間が経過して二観測点以上のデータが得られ次第、震源決定は順次、別の手法に切り替わる。もちろん、これらはすべて、コンピュータによって自動的に行われる。

緊急地震速報のアルゴリズムを初めて聞いたときには、「三観測点以上で観測されるまで震源は決まらない」と思いこんでいた自分を恥じた。分かってみれば原理は難しくはなく、十分合理的なものである。科学者にとって重要なのは、固定観念から離れられる頭の柔軟さであることを痛感させられた。

「振動エネルギーの物理的減衰」というのは分かりにくいかも知れない。単純に考えると、エネルギーの保存則が成り立っているなら、地球は有限なので、ひとたび地震が起これば、地震波は永遠に地球を周り続けなければならないはずである。しかし、実際には、震源から放出された地震波は、地球を何周もするうちに振動エネルギーが熱エネルギーに転換され、振幅が次第に小さくなり、最後には消える。それが「振動エネルギーの物理的減衰」である。物理的減衰のため、P波の立ち上がりは、震源から遠ざかるにつれて、図7－1のように緩やかになる。この違いによって震源からの距離が粗っぽく推定できるのである。

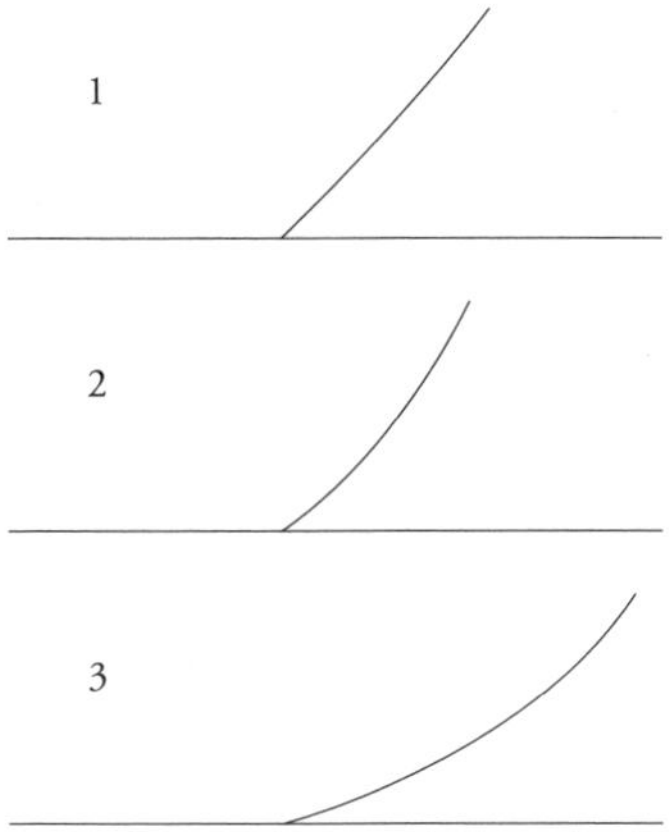

図7－1●P波の立ち上がりは、振動エネルギーの物理的減衰のため、震源から離れるに従って立ち上がりが緩やかになる。

実は、緊急地震速報には二種類ある。一つは、主として専門家や企業向けに、前節で述べたような情報をそのまま流す「緊急地震速報（予報）」と、慎重を期して、二観測点で観測されてからテレビなどを通して一般に送り出される「緊急地震速報（警報）」である。

「P波の立ち上がり」から粗っぽく距離が推定できると書いたが、地殻内の地震波速度の不均質のためにばらつきが大きく、一観測点のデータから推定した距離の精度は悪い。そのため、第一報の精度は本質的に良くない。精度が良くないことが問題な場合には、二観測点以上のP波の到達時間が得られるまで待つほかはない。そのかわり何秒かが失われる。

JRの地震動早期検知システム（通称ユレダス）は、新幹線の線路沿いに置かれた地震計の振幅がある基準を越えると直ちに警報を発し、主要動が来るまでに電車をできるだけ減速させる。震源を決める手間を省くので、緊急地震速報より早い。このようなシステムはサイト依存型と呼ばれている。地震動早期検知システムは、二〇〇四年一一月の中越地震のとき、運転手よりも二秒前に上越新幹線とき三二五号のブレーキをかけた。脱線したまま一・六キロメートルも走り続けたとはいえ、かろうじて転覆は免れ、一五一人の乗客の命は救われた。絶大な効果を発揮したのである。北方五キロメートルの新長岡観測点の地震計は四七一ガルを、南東三〇キロメートルの震源域ど真ん中の新川口観測点の地震計は九四三ガルを記録していた。緊急地震速報と直接は比較できないが、一秒が重要な事例である。

ここでは二つの点を強調しておきたい。

一つ目は、緊急地震速報の優れた点は、システムとしても、送り出される情報という点でも、比較的「単純」だということである。精度を上げるためにシステムを複雑にするのは限定的にした方が良いだろう。送り出される情報が単純なため、現在では、「聞いてもどうしたらいいのか分からない」という戸惑いの声の方が多い。しかし、ある程度慣れれば、自動車のような複雑なシステムを乗りこなすような普通の市民なら、問題なく有効に使えるようになるだろう。未熟な予知を補完するものとしても、緊急地震速報は重要である。

二つ目は、緊急地震速報が実効的に可能になったのは、兵庫県南部地震の教訓を生かして、防災科学技術観測所の高感度地震観測網（Hi-net）や気象庁の津波地震早期検知網のような優れた観測網が展開されたからである。兵庫県南部地震のあと、恐ろしい災害の予防に無力であった地震予知研究体制に猛烈な批判が行われたが、もし、あの当時、地震研究にかける予算が減らされていたら、緊急地震速報も生まれなかったであろう。

緊急地震速報についての報道への疑問

岩手・宮城内陸地震の時には、震源から三〇キロメートル以内で震度六強の地震動に見舞われた地域では緊急地震速報は間に合わなかった。どんなに早くても、最初の地震波が観測され、そのデータの処理に数秒かかるので、内陸型地震の場合には、残念ながら震度六の地震動に襲われる地域ではほとんど間に合わない。

しかし、震度四や震度五の地域で間に合えば、電車を緊急停止させ、手術を一時的に休止し、ビルの工事現場の作業を一時休止し、超高層ビルのエレベーターを一時休止すれば、十分に減災の役に立つ。「緊急地震速報の性質上、内陸地震の場合は、震源近くの震度六の地域では間に合わない」と割り切って、震源から三〇キロメートルより遠方の震度四や震度五の地域で役立てることを考える方が賢明なのではないだろうか。精度を上げることにこだわって数秒を失うと、震度五の地域ですら間に合わなくなる。

東南海・南海地震の本番のときには、震度五から震度六と予想されている東海、名古屋、京阪神地区では、震源からの距離が遠いので、激烈な地震波が到達するほぼ三〇秒前には緊急地震速報が発信されるであろう。この三〇秒の間に、電車を止めさせ、一般家屋では重量家具や書籍棚から離れ、ガスの元栓を閉めれば、数万と予想される犠牲者を半減できるだろう。紀伊半島先端部の串本町は、地震発生後一〇分で大津波に襲われると予想されている。津波警報が発令されるまでに三分程度かかるが、「串本沖に大地震発生」との緊急地震速報を受けて直ちに避難を開始すれば、津波予報を待つより三分早くなる。そのために救われる人命も多いだろう。緊急地震速報は、海溝型巨大地震の時にこそ絶大な威力を発揮する。私は、緊急地震速報は、ジェンナーの種痘以来の発明だと信じてやまない。

岩手・宮城内陸地震の時は、某新聞に、「緊急地震速報　被災地に無力」という見出しが踊った。新聞報道が緊急地震速報の欠点を非難することによって、人々の間に緊急地震速報をネガティブに捉える風潮が生じ、いざ大地震という時に多くの人々が緊急地震速報を無視したらマイナスは計り知れないと私は怖れている。欠点を適切に報道することは、過大な期待を抱かれないためにも重要である。しかし、欠点を正確に指摘しながらも、「どのようにすればその情報を生かせるのか」を発信するところそがジャーナリズムに求められている知恵なのではないだろうか。

また、緊急地震速報が良い点は、多くの人々が実際に接し、多くの人々がマスコミを通してそれについて学ぶことである。

私の友人の一人は、航空機運行のリスク管理を生涯の仕事としてきた。事故を減少させるために操縦システムが自動化されたが、思ったほどには飛行機事故は無くならない。彼の考えを私なりに単純化すると、自動化された緊急対応システムがひとたび暴走すると、安定飛行時にはシステムから外されているパイロットには手に負えなくなる。日常ほとんど触れることのない緊急対応システムを、ある時、突然操作しようとしてもうまくいかない。彼はヒューマンファクター重視の運行のあり方に変えるように提唱している。

緊急地震速報も同じであろう。緊急地震速報に接したとき、家に留まる方が安全なのだろうか？

家を飛び出した方がいいのだろうか？　基本的な答えは、「耐震強度の十分な家では留まった方が安全」、「耐震強度不十分な家では飛び出した方がよい」である。ただし、他の条件によって、答えは微妙に変わる。大事なことは、緊急地震速報を経験したり、ニュースを聞いたりしながら、家に留まる方が安全なのかどうかを自ら適切に判断できるような力を蓄えて行くことであろう。次の巨大地震の時にいきなり緊急地震速報に接しても、その意義を理解できず、適切な行動もとれない。

緊急地震速報が間に合わず、震度六の地震動によって被害を受けた方々には申しわけないが、多くの人々が年に一度か二度でも内陸型地震のときに緊急地震速報について学び、それによって南海トラフの巨大地震の時には絶大な効果を上げ、数万と予想される犠牲者を半減できるようになりたいと願うのである。幸か不幸か、最近はマグニチュード七クラスの地震が多いので、緊急地震速報を聞いてから地震動を経験する人が増えつつある。そのような人々の評価が緊急地震速報の行方を左右するだろう。

工学系の知恵——免震と制震

工学系からは、高層ビルの地震被害を防ぐために、工学的な手段で揺れを小さくなるようにしてし

まおうという知恵が出されている。それは、

（一）地震動のエネルギーを緩衝材で吸収して建物に入力しないようにする免震

（二）地震動のエネルギーを緩衝材で吸収してしまうようにするパッシブ（受動的）制震

（三）ビルの固有周期をずらせて共振を防ぐセミアクティブ（半能動的）制震

（四）ビルを地震動と逆方向に揺らせて地震動による衝撃を柔らげるアクティブ（能動的）制震

のいずれかである。

京都大学の時計台は二〇〇三年に京都大学創立一〇〇周年を記念して改修されたが、地下に免震装置が導入された。積層ゴム式免震装置と建物と基礎の間を滑らせる装置によって固有周期が一秒から三秒に延びたので、キャンパス内を南北に走る花折断層が動いたときには大きな効果を発揮するだろう。元の建物の外観を変更することなく床下に免震システムを組み込む免震は免震レトロフィットと呼ばれている。

ビルの床下や骨格の結合部にゴムやオイルダンパーなどの緩衝材を用いて地震動エネルギーの建物への入力を免れるようにする免震装置や、屋上に大きな水槽を作ってビルの揺れを減衰させてしまうパッシブ制震装置は、すでに多くの超高層ビルに組み込まれている。

現在、（三）のセミアクティブ制震と（四）のアクティブ制震は、緊急地震速報を取り入れるように進化しつつある。巨大地震が発生したとき、「緊急地震速報に使われた地震記録をリアルタイムで

送ってもらい、地震動のスペクトルを推測し、高層ビルの柱の間に斜めに組み込まれているブレースに力を加え、地震動がビルに到達する前に、建物の剛性を高めて固有周期を短くし、共振を逸らせてしまおう」というシステムや、「同様に、地震動がビルに到達する前に、地震動のスペクトルに応じて建物内部に組み込まれたオイルダンパーの流量を調整し、共振を小さくしよう」というシステムがセミアクティブ制震である。

もちろん、免震装置や制震装置が組み込まれているからといってもう安心というわけではない。セミアクティブ制震のようにやや複雑なシステムは、大地震に直撃された経験はなく、効果が実証されていないといえる。ただ、これらの装置が組み込まれていれば多くの場合地震被害は小さくなるだろう。

それらにたいし、アクティブ制震というのは、「リアルタイムで送られてくる地震記録からビル直下の地面の地震動を予測し、それに基づいてビルの揺れを予測し、その予測と逆の方向に高層ビルを揺らせ、地震動によるビルの揺れを打ち消そう」と能動的（アクティブ）に対応する考え方である。巨大な超高層ビルの質量を考えれば、制震装置は相当大きくならざるをえず、大きな電源が必要な、非常にコストのかかるシステムである。意外な難点であるが、間違って電源が入ると、地震のように建物を揺らして破壊してしまうかもしれない。このようなアクティブ制震は、高層ビルではまだ実現していない。第四章で述べたように、そもそも、「断層から遠方の地震動」は、波動理論的には「断層近傍の地震動」とは原理的に異なる。「緊急地震速報に使われた地震記録をリアルタイムで送ってもらい、地震動のスペクトルを推測する」と言っても、それは基本的に困難なのである。

数十年前の高度成長期、交通渋滞が深刻になり始めた頃、信号の赤、青、黄に変わる時間を町全体でコントロールして車が信号で止まる回数をへらし、渋滞を軽くする試みが行われた。現実にはなかなかうまく行かず、運転手の精神衛生を悪くするような現象がおこった。幾つかの原因があるが、その一つとして、システムを作るときには「運転手が速度制限の範囲内で運転する」というような現実にそぐわない仮定を設けるため、速度制限よりやや早い速度で走る多くの運転手は信号ごとに止まるという事態が発生した。運転手の例ではなくとも、自然も構造物も、しばしば、人間の知恵を越えた想定外の振る舞いをする。自然や構造物を都合の良いようにコントロールすることはむつかしい。

曖昧さに不寛容な時代

私事になるが、「地震学会では誰にも負けない」と自慢していることが一つある。それは、子供の頃からの頭痛である。頭痛にはつくづく悩まされており、飲んだ頭痛薬は相当な量に達する。

富山に住んでいた頃、富山医科大学（現富山大学医学部）付属病院和漢薬診療科の寺沢捷年（現在、千葉大学医学部）の知古を得た。私が子供の頃からの悩みである頭痛のことを訴えると、「私のところに来なさい」と言われて病院を訪ねることになった。寺沢先生は、若い頃は神経内科を徹底的に学んだ西洋医学のエキスパートで、西洋医学に立脚しながら和漢薬を役立てることを考えている。

寺沢先生を訪ねても、すぐには診察してもらえない場合も多い。なぜなら、「まずは西洋医学の診療科に行って徹底的に治療してください。それでも直らなければ、和漢薬で直すことを一緒に考えましょう」と言い渡されるからである。私の場合、長い問診の後、袋一杯の和漢薬を持って帰ることになった。毎日三〇分ほどかけて土瓶で煮詰め、「効くのだろうか？」と疑心暗鬼で飲み続けた。ある時、隣家の奥様からは、「お宅からすごく変な臭いがしてきますよ？」と訝しがられた。別の隣家の奥様からは、「こんな変な味の薬を飲むくらいなら頭痛の方がいいわ」といわれてしまった。

半年ほど経った頃、家族から、「最近、頭が痛いと言って寝ていることが少なくなったね」と言われ、そういえば頭痛が少なくなったと自覚した。頭痛の時はそれを意識するが、ないときは忘れてしまう。人間はわがままである。

寺沢先生に会って「先生の苦い和漢薬は劇的に効きますね。頭痛の回数が半減しました」と報告すると、寺沢先生は数秒考え込んだ後、「あなたは良い患者です」とうれしそうに言われた。一瞬、私は、なぜ寺沢先生が考え込まれたのか分からなかった。

人間の体は複雑で、特に慢性の病気では、原因は一つに特定できないし、治療にも時間がかかる。それが分かっているはずなのに、慢性病が完全になくなることを求める患者や、速効を求める患者が多く、人間の体はそんなものではないと説明してもなかなか分かってもらえない。今は曖昧さに不寛容な時代なのである。医師には精神的負担がのしかかる。私のように「半減した」と大喜びしている患者は医師の精神的負担を軽くしたようだ。

緊急地震速報も、免震・制震システムも、知恵を絞っているとはいえ、複雑な自然を相手にする以上、ある程度の曖昧さは免れない。曖昧さを認めた上で、そのシステムを生かして、人々に降りかかる災いをできるだけ減らしたい。被害が半減するだけでも、なにもしないよりは遙かによい。

科学が進歩したために人々に考える力を持つ必要が生じ、責任が生じたという言い方ができるかも知れない。ＣＴスキャンやＭＲＩなど画像診断の技術が高度化したために、体の中に生じた様々な小さな異常が認識できるようになった。しかし、画像では同じように見える異常が、死ぬまで何事もなく終わってしまうこともあるし、ガンであることもある。画像は画像であって、体を切り開いて異常そのものに迫らない限り本当のことは分からない。一方、薬を主とする内科的な治療法から、放射線療法、患部を切り取る外科的手法など、治療方法の選択の幅も広がった。患者の側は、幅のある診断結果を考慮し、自分の体調、年齢、期待する生活の質などをも考慮し、どの治療法を選択するのか迫られる。患者は、限界があるとはいえ、医学について考える力が必要となり、選択する責任が生じたのである。

地震についても同じような事態が生じたといえよう。地震学の進歩によって緊急地震速報が生まれたが、複雑な病気の診断が本質的に曖昧なように、緊急地震速報も曖昧さを含むことを避けられない。人々に、緊急地震速報を受け取って、自分で対応を考える力が必要となったのではないだろうか。ジャーナリズムもまた、本質的に曖昧さを含む情報をどのように発信すればよいかを自ら考える力が求められているといえよう。

ただし、誤魔化しや無責任からくる「人為的曖昧さ」にたいして不寛容なのはジャーナリスト・スピリットそのものである。テレビの政治討論番組などで、評論家司会者が、「イエスなのですか？ノーなのですか？　はっきりしてください」と出席している政治家に迫るのは、ジャーナリスト・スピリットであろう。

一九九〇年に始まったヒトゲノム計画は、最初は進展は遅かったが、年を追って加速し、二〇〇三年、日本、アメリカ、イギリス、フランス、ドイツ、中国の六ヶ国が参加する国際ヒトゲノム解読コンソーシアムは解読終了を宣言した。ヒトゲノムが解読されれば、物理と化学によって生命現象が明らかにされ、人間がゲノムにいかに規定されているのかが分かるものと想定されていた。遺伝情報に応じた医療なども急速に進むものと大きな期待が寄せられていた。

結果は意外なものであった。伝統的な遺伝学的実験によってゲノムとの対応が明確な生命現象の場合は、ゲノムと生命現象との間には一対一に近い直線的な対応がつく。遺伝学的な実験によってゲノムとの間に直線的な関係が見いだせない場合は、ゲノムと病気の対応もまた直線的なものではなく、確率論的な対応しか見いだせなかったのである。人の未来は、ゲノムという視点でも、確率論的で曖昧だったのである。それは、「未来は未確定なのだという常識と開放感を奪還してくれる」ものであった（『バイオポリティクス』米本昌平、二〇〇六）。

巨大災害によって日本の社会がどうなるかも曖昧で未確定である。だからこそ未来には希望があるのであり、「どうしようが所詮は地震にやられてしまうよ」とあきらめるのではなく、最大の対策をとって被害を減らす戦いをするのである。

超高層ビル乱立社会への提案

何につけても「災いを転じて福となす」ことを考えたいのだが、超高層ビルの乱立に関してはそのようなアイデアが浮かばない。「首都圏におけるマグニチュード七クラスの地震の三〇年確率は七〇%、五〇年確率は九〇%」「南海地震の三〇年確率ほぼ五〇%、東南海地震ほぼ六〇%から七〇%」という危険因子を考えれば、個人的には「超高層ビルはもう止めようよ」と大声で叫びたくなる。しかし、とりあえず「ノー」という選択肢は除くことにして、ここまでの議論を基礎に、次のような提案を行いたい。多くは特に新しい提案ではない。すでに語られている考えを、地震脆弱性を梃子に再編成したものといえよう。

（提案一）国鉄跡地、公務員宿舎跡地、統合された小学校など公共施設の跡地は、今後は、民間大手企業に切り売りしないで、優先的に都市住民の憩いの場と災害に備えたスペースを兼ねた公園などとして残すことを原則とする。

大事なのは、大災害に備え、空間的余裕を残すように誘導する政策である。そのためには、自治体の財政力の強化は非常に重要である。

世界で一番緑の少ない大都市である大阪で気になるのはＪＲ大阪駅北側の梅田北ヤードである。もし大阪が本気で「水とみどり豊かな新エネルギー都市　大阪」（将来ビジョン・大阪、大阪府のホームページ）を全面に押し出したいのなら、梅田北ヤードは緑地や森林にすべきではないだろうか。そこは市民の憩いの場となり、超高層ビルが乱立する梅田に空間的余裕を作る。

（提案二）超高層ビルを建てたために新たに生じる、道路、公園、小学校など、公共施設その他の公益的施設の整備は、超高層ビルの所有者の責任であることを法的に明示しなおす。

（提案三）超高層ビルの所有者に、超高層ビルを地域の防災拠点にするマスタープランの作成を義務付ける。

六本木ヒルズは、災害時用の井戸やトイレ、備蓄倉庫を設置し、「逃げ出す街ではなく、逃げ込める街」になると宣言している。七万缶のおかゆなどを備蓄している新宿区西戸山の西戸山タワーガーデンのようなことは大手企業としての社会的義務であろう。二〇〇七年、東京都中央区では、高層マンションに、水や食料の備蓄倉庫を上層階に設置することを義務付けた。このような試みも次第に拡がって行くだろう。

超高層のオフィスビルの昼間人口はほぼ一万人である。この人々が逃げ出せないことは不幸であるが、幸い逃げ出せても、ビルの周辺では、一一名の死者を出した二〇〇一年七月の明石花火大会歩道橋事故と似たようなことが一回り大きなスケールで起こるだろう。超高層ビル自らが、地域を含めて防災を考えることが大切であろう。

（提案四）今後建設される超高層ビルには、緊急地震速報や免震・制震装置の設置を義務付ける。

免震・制震装置を設置していない超高層ビルで、巨大地震の長周期地震動によって大きな被害が出たときには、それは天災ではなく、超高層ビルの所有者の責任であることを法的に明確にする。

（提案五）超高層ビルについては、「性能評価制度」（後述）におけるアカウンタビリティを徹底する。

現在、近鉄は、上町断層から東側に五〇〇メートルも離れていない場所（天王寺区阿倍野橋、JR天王寺駅前）に、「都市再生特別措置法」に基づいて、高さ三一〇メートルの超高層ビルを計画している。南海電鉄は、南海電鉄高野線の堺東駅前で、高さ一四八メートルの超高層マンションを計画している。いづれも上町断層直上である。活断層の専門家達は活断層直上に公共の建物を建設することは避けるように提言しているが、南海電鉄は「調査の結果、予測される地形の変形なら技術的に建設可能だと判断した。万一傾いても修理できるようにするなど、対策は考えている」として建設を強行する姿勢を示している。これらの超高層ビルは、次の南海地震のときには、長周期地震動によって何十回も右に左に大きく揺られるだろう。発生確率は一桁小さいが、上町断層が動いたときには、図4-6のように、地面が一メートルほど西に東に揺れ、衝撃的な足払いを受ける。超高層ビルが激甚な被害を受けたときは、周辺住民の生活に大きな影響を与える。ビルの耐震性の検討などについてのアカウンタビリティは周辺住民への最低限の責任なのではないだろうか。

（提案六）景観についてのアセスメントを義務付ける。

（提案一）から（提案六）のように、当然するべきことをするようにルール化すれば、おのずと超高層ビルは抑制され、地震災害脆弱化に歯止めがかかるであろう。

二〇〇一年九月の新宿区歌舞伎町で四四人が死亡した雑居ビルの火災に対して、二〇〇八年七月、「利潤追求に専心し、建物の安全性は収益に結びつかないため意に介さず、防火管理業務を怠っていた」として、雑居ビルの実質オーナーに有罪判決が下った。超高層ビルに対して、「地震対策は収益に結びつかないため意に介さず、地震対策を怠っていた」と読み替えるような事態が起こらないように期待したい。

アカウンタビリティとジャーナリズム

原子力発電所の場合、安全についての要として内閣府に原子力安全委員会があり、その中の原子力安全基準・指針専門部会では活断層などの専門家も加わって安全についての審査を行っている。審査の中身については批判のあるところであるが、一応、情報公開とアカウンタビリティのもとで専門家の検討が行われる。

高さ六〇メートル以上の超高層ビルについては、通常の建築基準以上のことを設計で要求されている。設計者と認定員（大学や研究所の研究者）が、建物近傍の断層が動いたときの安全性をどう考えればよいか、設計が適切であるかを検討し、それに基づいて国土交通大臣が最終的に認定する「性能評価制度」という仕組みがある。ところが、「性能評価制度」の場合、企業の技術資産の保護を理由に、情報公開もアカウンタビリティも要請されていない。万が一のときには大変な二次災害の種になるものにたいして、それでいいのかと強い疑問を感じる。もちろん、情報公開とアカウンタビリティが徹底されたとしても安全が保障される訳ではないが、安全への第一歩と言えよう。サブプライムローンでも明らかになったように、リスクの不透明化は未来の災いの種である。

念を押すが、超高層ビルが危険だと決めつけているわけではない。前にも述べたように、長周期地震動に対してどれだけ安全か、どれだけ危険か、分からない点が多い。単純化すると、安全だという意見も、危険だという意見も、主として、数値シミュレーションという「仮想空間」でのテストに基づいているに過ぎない。

超高層ビルの問題に限らず、多くの場合、不確実で込み入った問題に答えを出していくために必要なことは、情報公開とアカウンタビリティを基にした専門家と利害関係者による検討であろう。アカウンタビリティと一言で言ったが、どうすればアカウンタビリティの責任を果たしたことになるのか、当事者は迷うことも多い。

一九九五年兵庫県南部地震の直後、尾池和夫（当時京都大学大学院理学研究科）が「私は一〇年以上前から、阪神地域の地震の危険を指摘してきた」とテレビで語ったばかりに、別のニュース番組のキャスターから「だったら、何故早く住民に知らせてくれないのか？　もっと多くの人に危険を知らせる努力をしなかったのか？」と非難されているのを聞いて、私は驚愕した。

兵庫県南部地震の前から、

「僕は、京阪神は本当に危ないと思うんだよね。ただ、どうやって多くの人に知らせ、行政を動かせばいいのか分からないよ。最近、まず新聞記者さんから地震教育をしようと思って、僕のところに来る記者さんには、忙しくても一生懸命話をすることにしているんだよ。でも、やっと分かるようになった頃には担当が変わってしまうんだよ」

という尾池和夫の愚痴を聞かされていたからである。

この経験から、私は多くのことを学んだ。新聞記者に話をしても、記事にならなければ一般の人々には伝わらない。研究成果を世の中に伝えるためにはジャーナリズムの協力が必要であり、研究成果を社会に生かそうと思えばジャーナリズムとの積極的な共同作業が必要だということである。逆に言うと、社会のあり方に関わるような重要な問題に関しては、ジャーナリズムの責任も免れない。

そもそも、報道の自由は民主主義社会の根幹である。アジアの知性とも言うべきアマルティア・セン（一九九八年ノーベル経済学賞受賞）が、一九九四年の国連開発計画（UNDP）の「人間開発レポート」（一九九四）で「人間の安全保障」という考え方を述べると、それは冷戦後の世界の在り方の指針として、広く受け入れられるようになった。

アマルティア・センは、『貧困の克服』（大石りら訳、二〇〇二）の中で「報道の自由」の重要さを繰り返し述べている。

民主主義的形態の政府や報道の自由が存在する国々では大飢饉と呼べる事態など一度も起こったことがないという事実も驚くに値しないのです。大飢饉が実際に発生したのは、古代の王国や現代の権威主義的社会（中略）などによる独裁体制、北からの帝国主義的支配を受ける植民地経済や国家主義的指導者あるいは一党独裁体制下におかれた南の新興独立国家などです。

ところが、それとは逆に、定期的に選挙が行われ、批判をはっきり表明できる野党が存在し、大規模な検閲なしに政府の政策の妥当性を問いただすことができる報道の自由が存在する民主主義の独立国家においては、大飢饉が本格化するようなことは一度もありませんでした。

逆に言うと、社会のあり方に関する多くの問題に対して、ジャーナリズムの責任は大きいと言えよう。

ここまで、多くの新聞記事を引用しながら、緊急地震速報、アカウンタビリティ、超高層ビル、格差問題などで、ジャーナリズムに対する不満を繰り返し述べてきた。それは、ジャーナリズムに強く期待するからである。私のジャーナリズムへの期待は『貧困の克服』を初めて読んだときにさかのぼる。今後、所轄部局立案型の行政、専門分野意識から抜け出すことが困難なアカデミズムやジャーナリズムに「全体」に向かう動機付けをあたえ、政治と行政を動かしうるのは、ジャーナリズムとアカデミズムの相互批判と協同作業ではないかと期待してやまない。

第8章 災害脆弱性としての格差社会

東京都荒川区の浄閑寺に葬られた、安政江戸地震や関東大地震による江戸下町の犠牲者2万人を供養する新吉原総霊塔。現在の塔は、昭和４年に、供養塚を改修し、形を改めたもの。

格差社会の衝撃

二〇〇七年九月のある日、図８－１の新聞記事が目についた。国税庁の民間給与実態統計調査によると、一年を通じて勤務した給与所得者のうち、年収二〇〇万円以下の労働者の数が一〇〇〇万人を越えたというのである。「効果は明らかなのに、耐震診断・耐震補強は進まない。何故だろうか？地震学や地震工学の説明が悪いのだろうか？」と困惑していた私の頭の中で、突然、ぼやけていた画像の焦点がシャープになり、輪郭が明確になったような気がした。やや飛躍した言い方になるかもしれないが、「格差問題へ解答を出すことこそ最大の防災対策ではないのか」、加えて「農の自立こそが

1　14版　200

年収200万円以下、1000万人超

民間給与、格差拡大

民間企業で働く会社員やパート労働者の昨年1年間の平均給与は435万円で、前年に比べて2万円少なく、9年連続で減少したことが国税庁の民間給与実態統計調査で分かった。年収別でみると、200万円以下の人は前年に比べて42万人増え、1023万人と21年ぶりに1千万人を超えた。一方、年収が1千万円を超えた人は9万5千人増加して224万人となり、格差の広がりを示す結果となった。

年収300万円以下の層は5年前の34・4%から年々増加しており、昨年は全体の38・8%。男女別では、300万円以下の男性は21・6%と5年前から4・6㌽増え、女性は66・0%で5年前から2・3㌽増えた。アルバイトや派遣社員など給与が比較的少ない非正規雇用者が増えている状況を浮き彫りにした格好だ。

年収300万円から1千万円以下の人の割合は一昨年の57・6%から56・3%に減少した。

図８－１●朝日新聞 2007 年 9 月 28 日の記事。

最大の防災対策なのではないのか」と思い至った。

まず、基本的な事実を押さえていきたい。格差問題については、『格差社会』(橘木俊詔、二〇〇六)を頼ることにしよう。

そもそも、日本に格差があるのだろうか？

貧困者を「国の平均的所得の半分以下の所得しかない人」とすると、表8-1のように、日本の貧困率一五・三%は、先進国の集まりとも言えるOECD二七ヶ国の中で五番目である。日本より貧困率が高いのは、メキシコ、アメリカ、トルコ、アイルランドしかない。アメリカは二〇〇八年金融危機の震源地、アイルランドは金融危機によってもっとも打撃を受けた国である。デンマーク、スウェ

表8-1●貧困率国別比較。橘木俊詔(2006)『格差社会』の表1-4。元の出所はOECD(2004)。

1 メキシコ	20.3
2 アメリカ	17.1
3 トルコ	15.9
4 アイルランド	15.4
5 日本	15.3
6 ポルトガル	13.7
7 ギリシャ	13.5
8 イタリア	12.0
9 オーストラリア	11.9
10 スペイン	11.5
11 イギリス	11.4
12 ニュージーランド	10.4
13 カナダ	10.3
14 ドイツ	10.0
15 オーストリア	9.3
16 ポーランド	8.2
17 ハンガリー	8.1
18 ベルギー	7.8
19 フランス	7.0
20 スイス	6.7
21 フィンランド	6.4
22 ノルウェー	6.3
23 オランダ	6.0
24 スウェーデン	5.3
25 チェコ	4.4
26 デンマーク	4.3
OECD全体	10.7

ーデン、ノルウェーなど、北欧の福祉国家として知られている国々の貧困率は低い。表8−1は、国民の幸せと貧困率は負の相関にあることを示している。

しかし、二〇〇六年、内閣府は、「格差は統計上の見かけに過ぎない」とする見解を発表した。その理由として、高齢化が進んだことと、若年単身者が増えたことを挙げている。たしかに、現役を引退した年金世代の高齢者が増えると、見かけ上、貧困率は高くなる。それらが、表8−1の一因となっていることは事実であろう。

では、年齢別に貧困率を見てみよう。表8−2によると、二六歳—四〇歳の世代で一二・四%、四〇—五〇歳の世代で一一・七%であり。この数字を単純に当てはめても、貧困率は八番目程度に下がるだけである。そもそも、一九七〇年代や一九八〇年代の一億総中流の時代には、日本の貧困率は六〜七%だったのである。

表8−2●年齢別貧困率。「格差社会」（橘木俊詔、2006）の表3−1。元の出所はOECD（2004）。

年齢	貧困率	シェア
18〜25歳	16.6	8.9
26〜40歳	12.4	14.9
41〜50歳	11.7	10.3
51〜65歳	14.4	19.4
66〜75歳	19.5	16.4
76歳以上	23.8	12.7

若者の単身者が増えたことが貧困率の数値を押し上げているのも事実かも知れない。しかし、若者の単身者が多いのは、後述するように、格差が拡大したことが原因の一つなのではないのだろうか。論理の逆転である。

歴史を遡ると、一九八五年、中曽根首相の下で労働者派遣法が制定された。当初は、派遣労働の職種はコンピュータ技術者とか医師など専門的な知識を必要とする一三業務に限られていた。一九九九年、労働者派遣法が改訂され、派遣業種が通常の事務職などにも原則自由化された。このとき、派遣社員が一年を越えて同じ職場で働きたいと希望すれば正社員として雇う努力義務も盛り込まれた。

自由化の結果、二〇〇〇年から二〇〇五年の五年間に起こったことを列挙してみよう。

（一）派遣労働者数は一四〇万から二五〇万に急増（厚生労働省「労働者派遣事業の事業報告集計結果」）。

（二）非正規雇用者数（派遣労働者を含む）は一三〇〇万から一六〇〇万に急増（総務省「労働力調査」）。なお、非正規雇用には、パート、アルバイト、契約社員、派遣社員などを含む。

（三）一年を通じて勤務した給与所得者のうち、年収二〇〇万円以下の者の数は八二五万人から九八一万人に増加（国税庁「民間給与実態統計調査」）。一年を通じた勤務ではなくて年収が二〇〇万円以下の労働者も数多くいることも忘れてはなるまい。

（四）貯蓄を持たない世帯の割合は一〇％から二五％に急増（金融広報中央委員会「家計の金融行動に関する世論調査」）。

（五）年間出生数は一一九万人から一〇六万人に減少（国立社会保障・人口問題研究所「人口統計資料集」）。なお、二〇〇〇年から二〇〇五年の間に子供を産んだ世代は、主として戦後の団塊世代の子供たちの団塊ジュニアの世代である。したがって、出生数は多少は盛り返してもいいはずだったのに、逆に減少した。

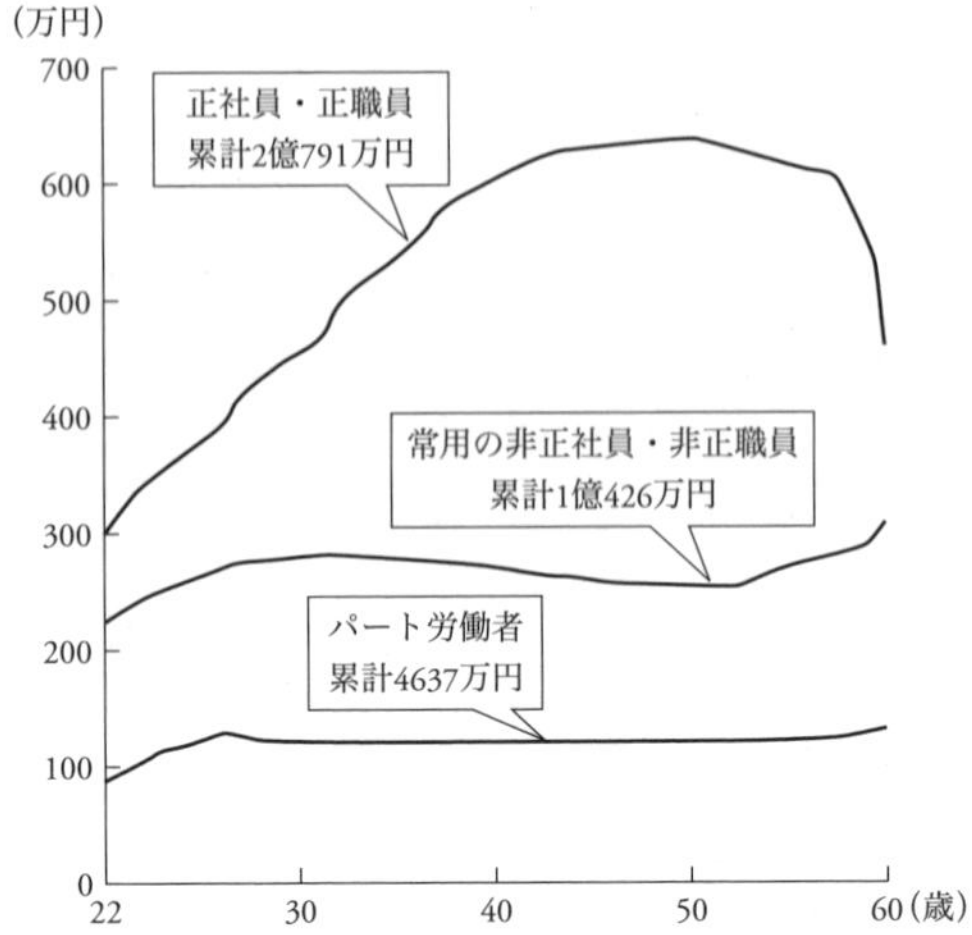

図8-2●正規社員と年間を通して雇用されている非正規社員の生涯賃金の差。「格差社会」(橘木俊詔、2006)の表4-3。元の出所は、厚生労働省「賃金構造基本調査」。

日本を格差ある社会にする政策は大きな成功をおさめたというほかない。

二〇〇七年に至って、図8-1の新聞記事のように、一年を通じて勤務したにもかかわらず年収二〇〇万円以下の労働者の数は一〇〇〇万人を超えた。正規雇用者の賃金は、わずかに減少の傾向ではあるが、基本的に変わっていない。問題は、非正規雇用者が急増したことにある。

非正規雇用の労働者にたいして「同一労働同一賃金の原則」が守られており、非正規雇用の労働者としての人権が守られていれば、ここまで深刻な問題でないのかも知れない。図8-2は、正社員、年間を通して雇用されている非正社員、パート労働者の生涯賃金の比較である。これを見ると、実際には、同一労働同一賃金の原則が守られていないことは明らかであろう。それでも、同一労働同一賃金に強力に誘導する政治と行政は見えない。政治と行政の不作為としか言いようがない。同一労働同一賃金の原則を守らないことは、耐震偽装と変わらない。OECDの対日経済審査報告（二〇〇七）でも、同一労働同一賃金の原則を守ることが求められていることを強調しておこう。

二〇〇七年の大事件の一つは、中国製餃子による食中毒事件であった。「安い食品に飛びつく日本人も悪い」という評論家も登場したが、もし私が年収二〇〇万円以下で生活していれば、ともかく安い食品に飛びつくだろう。「地産地消」は、ある程度の収入が確保されていないとむつかしいのが日本の現実である。結局、「食」の安全も「格差」につながっていると言えよう。

こども未来財団の調査（二〇〇六）によると、年収八〇〇万円以上の家庭の七〇％以上は、子供に大学への進学を望んでいるが、年収二〇〇万円以下の家庭で大学への進学を望んでいるのは三八％に過ぎない。かくして格差は再生産されて行く。人は、努力が報いられて幸せな生活ができると思えば希望が湧く。努力しても普通の幸せな生活が手に入らないと思うと気持ちがすさむ。

専門知識に乏しい普通の人々は、何かがおかしいという思いながら的確に問題点を明示できないことに苛立ち、それが社会を息苦しくさせ、すさませているような気がしてならない。何かがおかしいと思いながら、それをうまく表現できず、政治家の「成功者をねたんだり、能力ある者の足を引っ張ったりする風潮を慎まないと社会は発展しない」などという単純化した言い回しに反論できず、その苛立ちを内に向けてしまう。それは自殺や子供の虐待などの内向きの犯罪の増加の土壌といえよう。

年収二〇〇万円以下の家庭が、数一〇万円から一〇〇万円のお金をかけて耐震補強をすることは望めない。月一万三〇〇〇円の国民年金の掛け金に窮することも多いだろう。格差社会は「災害に弱い社会、不安定な社会、息苦しい社会」である。日本は本質的に災害に脆弱な社会に変えられてしまったと言うことができる。

『格差社会』(二〇〇六)では、「格差社会は、社会にとって大きなマイナスである」と述べられている。貧困者は、社会から疎外されているという劣等感をもつ場合が少なくない。その結果、犯罪に手を染めてしまう人も出てくるであろう。そのため、富裕層は常に不安と共に暮らすことになり、両者が相まって社会をすさませることになる。

いまは批判にさらされている戦後民主主義(または五五年体制)には、少数意見の尊重と、弱者の人権保障という節度が組み込まれていた。「改革、規制緩和」の怒号の中で、必用な節度も捨て去られてしまったように見える。

二〇〇八年金融危機

二〇〇八年九月一六日、各社の朝刊に、アメリカの巨大投資銀行リーマン・ブラザーズ倒産のニュースが踊った。それが金融危機の第一報であった。九月一七日には「バンクオブアメリカによるメリルリンチ買収」、一〇月一八日には「大手銀行の公的資金受け入れ声明」、十一月十一日には「AIG救済額の拡大」などの記事が断続的に新聞を賑わした。

金融危機の前一年間には一万二〇〇〇ドル前後を行き来していたニューヨーク株式市場のダウ工業三〇社平均株価は九月下旬に一万ドルを切り、二〇〇九年一月の時点では、九〇〇〇ドル前後を行き来している。一万三〇〇〇円前後を行き来していた日経平均株価は一〇月上旬に一万円を切り、一〇月二七日には二六年ぶりの低水準である七四八六円をつけ、その後は八〇〇〇円台を行き来している。実経済に関係なく、金融で利益を生み出そうとした投資の多くは資産の減少という結果で終わりつつある。アメリカ合衆国のビッグ3の破綻は端的な事例である。企業は売り上げが減少し、大量の非正規社員が契約解除され、社会には失業者があふれている。

すでに論評し尽くされているが、二〇〇七年のサブプライムローン問題から始まって二〇〇八年九月に本格化した金融危機の原因は、「過度の金融規制緩和」と「金融リスクの不透明化、それを利用したリスクの他者への転化」であることは明らかである。確率論の手品によって証券リスクを不透明化し、少ない手持ち資金で大きな取引をするレバレッジ（梃子）と呼び慣わされているような投資手法を理論的に支えてきた金融工学の責任は免れない。それらは本質的にはネズミ講と同じだということも共通認識となりつつある。今後、このような経済を主導したアメリカと新自由主義経済に対する怨嗟の声は長く続くだろう。

本山美彦（京都大学、大阪産業大学）は、金融危機の半年前に刊行された『金融権力』（岩波新書、二〇〇八）の中で、「ドルの暴落は目前に迫っている」と金融危機を予見しながら次のように述べている。

現在の人間生活に恐ろしい脅威を与え続けている金融システムに対抗するためには、まず、システムを支配する新自由主義のイデオロギーから私たちは自らを解放しなければならないと訴えたい。金融権力から人間生活を取り戻す方策も、生活者の視点を復権させることにあると訴えたい。

九月の金融危機の後には基本回帰の論調が総合雑誌を席巻しつつある。「激動の時代こそ基本に還れ」（中西寛『中央公論』二〇〇八年一二月号）では「輸出で儲けたカネを政治家と官僚が地方に公共事業などで配分するという旧来の政治経済モデルから脱却し、医療や教育をはじめとする、従来福祉の対象とされてきた分野を内需の源泉として捉え」るように求めている。「もはや成長という幻想を捨てよう」（佐伯啓思『中央公論』二〇〇八年一二月号）では、一九三〇年代の大不況時代に「新たな経済学」を構想したケインズは「住宅、個人的サーヴィス、都市の美観、地方生活のアメニティといった国際商品ではないものを重視したのだ」と指摘している。重要な共通項は、生活者としての人間を大事にし、それを輸出に頼らない構造的な内需の安定につなげようとする視点であろう。新聞の論調も、環境に重点を置いた積極的な予算の投入に収束しつつあるように見える。オバマ大統領はそれを、「緑のニューディール政策」と呼んでいる。緑のニューディール政策は、石油などの輸入資源に頼る割合が少なく、国内における雇用創出効果が比較的大きいと予想されている。

政府は、定額給付金など、一時的な景気の刺激策に走ろうとしている。構造的な内需の安定につながらない一時的な需要喚起のための支出は、多くの場合、バラマキと呼ばれている。

人口変動から見た社会

ここでは、人口から社会のあり方をたどった『人口から読む日本の歴史』（鬼頭宏、二〇〇〇）や『歴史人口学で見た日本』（速水融、二〇〇一）を参考に、人口について過去に遡ってみよう。そこには、格差問題と地震脆弱性について、意外と重要な視点があると思うのである。

縄文時代、日本の人口はほぼ二〇万人程度で、東日本に偏っていた。二〇万人の人口を養う主要な食料源がサケやマスだったからである。二〇歳時余命は一三年程度で、人口維持にぎりぎりの限界であった。弥生時代の二世紀頃には、西日本を中心に人口は六〇万人程度に増えた。人口増は、稲の栽培によって生産力が増加したこと、逆に、水田が多数の労働力を要したことによる。

西暦二二〇年に後漢が滅んだのち、魏、呉、蜀の三国鼎立時代から南北朝をへて五八一年に隋が建国されたが、東アジアは大規模な人口移動の時代が続いた。その間、高度な稲作技術をもった人々を含め一五〇万人もの人々が大陸から日本に渡来した。

奈良時代に入った六七〇年、天智天皇の命によって、日本ではじめての戸籍「庚午年籍」が作られた。それは現存していないが、八世紀初頭の資料によると、人口は六〇〇万人と推定されている。それからほぼ五〇〇年後の平安時代末期には七〇〇万人に達した。なお、この時代の京都の人口は一二万人前後であった。

鎌倉時代から戦国時代と人口推定がむつかしい時代が続いたが、江戸時代初めには一二〇〇万人に達していた。一七二一年、徳川吉宗によって本格的な人口調査が行われ、それによると人口は三一〇〇万人となっていた。

江戸時代初期（一七世紀）の人口の激増は、市場経済が勃興し、自立した小農民経営に基礎を置く社会構造に転換したからである。それ以前は、農村は大農家経営を基本としており、大農家の中には結婚も出来ないで一生飼い殺しにされた次男や三男、隷属農民が多数いたが、農業経営環境の転換と共に次第に自立を高め、家族の規模が小さくなり、小農民が増え、誰もが結婚するという皆婚社会になり、人口が激増した。衣食住の改善による死亡率が減少し、人口の増加に輪をかけた。

一七世紀は、テームズ川が頻繁に氷結するなど、地球は小氷期であったと考えられている。それにも関わらず、日本の人口は激増した。この歴史的事実は、社会のあり方こそが人口変動に大きく影響することを如実に教えている。

享保（一七一六年から一七三五年）のころの江戸は、総人口一三〇万で、下町の狭い地域に六〇万人の町人が住み、人口密度は一平方キロ当たり六万にも達していた。現在の日本で一番人口密度の高い埼玉県蕨市でも一平方キロ当たり一万人である。江戸の女性の数は少なく、男女比は二対一程度であった。一部の成功した商人を除き、普通の町民は貧しく、九尺二間の裏長屋に住み、死亡率も高かったから、結婚どころではなかった。

労働政策研究・研修機構（二〇〇八）の「第四回二一世紀成年者縦断調査」は衝撃的であった。それによると、二〇〇六年の時点で、三〇歳から三四歳までの男性の結婚率は、年収二〇〇万円以下で三四％以下、五〇〇万円以上だと七一％以上である。貧困は結婚を逡巡させてしまうことを示している。それは江戸時代でも同じであっただろう。

ときどき起こる飢饉、火災、地震、疫病は江戸の貧しい人々を直撃した。一六五七年の明暦の大火でも、一八五五年の安政江戸地震でも一〇万人の町人が亡くなった。五〇万から六〇万の町民人口から一〇万人の犠牲者がでたことが、江戸の町人にとって如何に大きな打撃であったかがわかる。

江戸は経済発展の象徴であったが、現実は人口再生産性の低い「人口の墓場」であった。江戸をはじめ都市の人口は、農村からの流入によってかろうじて支えられていた。人口学で古くから認識されているように、洋の東西を問わず、大都市は基本的に人口の墓場なのである。速水融（二〇〇一）は、もっと極端に「大都市はアリ地獄」と表現している。

明治に入って人口統計が取られるようになり、一八七三年（明治六年）には三三〇〇万人、一九〇〇年（明治三三年）に四七〇〇万人となった。はじめて国勢調査が行われた一九二〇年（大正九年）には五六〇〇万人となり、この頃、人口の近代化（大都市の平均余命が農村部を上回ること）が達成された。終戦直後の一九五〇年（昭和二五年）には八四〇〇万人となり、平均寿命が初めて五〇歳を越えた。一九七五年（昭和五〇年）には一億二〇〇〇万人となった。

二〇〇〇年（平成一二年）には一億二七〇〇万人に達し、二〇〇五年には減少に転じた。今後は、二〇四六年には一億人、二〇五五年には九〇〇〇万人、二一〇〇年には六七〇〇万人まで減少するものと推測されている（『日本の将来推計人口』国立社会保障・人口問題研究所、二〇〇六）。

大都会は人口の墓場

合計特殊出生率は、単純化すると、一人の女性が生涯に生む子供の人数である。合計特殊出生率二人が続くと人口は安定的に維持されることになる。日本の合計特殊出生率はずっと二人以上を維持してきたが、一九七三年々のオイルショックの直後に急減して二人を切り、一九七〇年代後半は一・七人から一・八人で推移していた。一九八〇年代に入って減少傾向が続き、一九九〇年代には一・五人で推移したが、二〇〇〇年を過ぎて再び減少し、二〇〇五年には一・三にまで低下した。

厚生労働省の『人口動態統計』(二〇〇六)によると、東京都の合計特殊出生率は一・〇人前後で全国でも際立って低い。それに続いて北海道、南関東、近畿中央部が一・二人から一・三人程度で、九州、中国、四国、東北の各県は一・四人を越える。東京都の合計特殊出生率一・〇人は、外部からの流入がなければ一世代ごとに世代人口が半減することを意味する。それほどの人口再生産性の低さにもかかわらず、外部からの流入によって、東京都の人口は毎年一〇万人の割合で増え続けている。人口の墓場に人が集まるのは、江戸時代も今も同じだと言えよう。

既婚女性の平均的な出生数は二人を越えており、合計特殊出生率の低下は主として未婚率の上昇による(たとえば、『長期の景気低迷が少子化に与えた影響』日本総合研究所、二〇〇七)。前述の「第四回二一世紀成年者縦断調査」のように、貧困は結婚を逡巡させてしまう。

このように概観してみると、

（一）表面上の華やかさと経済的繁栄、

（二）大きな格差、

（三）使い捨てにされる貧困層、

（四）人口再生産性の低さ、

（五）数十年に一度程度の間隔で襲われる大きな災害、

など、東京をはじめとして日本の大都市は再び「人口の墓場」に戻ったということができる。江戸時代と異なり、農村も疲弊して人口再生産率が低下し、人口供給能力を喪失した事実を併せ考えれば、日本は「列島規模で人口の墓場化」が進行しつつあると言っても過言ではない。

もちろん、人口停滞は、基本的には、文明がある程度の水準に達した多くの欧米諸国で経験している文明論的な問題である。高学歴化すると結婚年齢が高くなるなど、政治が責任をとれない要素も多い。しかし、今後数一〇年にわたって進行すると予想される人口減少の「急激さ」は、一七世紀の人口急増や戦争直後の人口急増（団塊の世代）と同様、日本の社会のあり方によって引き起こされたとも言えよう。人口減少の急激さと災害脆弱性の加速は原因の一つを共有していることは確かである。

二〇〇二年、小泉首相のもとで決定された「都市再生基本方針」の第一条の冒頭には、「二十一世紀の我が国の活力の源泉である都市」と述べられている。人口の再生産率が低く、人口の墓場としか思えない大都市が「我が国の活力の源泉」とは、日本にとって何と不幸なボタンの掛け違いなのだろうか。

「部分」と「全体」

一九三六年、スペイン共和国で、ナチス・ドイツに友好的な内乱が起こった。一九三七年、ドイツとイタリアの空軍は、共和国政府側の拠点の一つになっていたバスク地方のゲルニカへの無差別爆撃が行い、多くの一般市民を殺戮した。ピカソは、傑作「ゲルニカ」を描いて無差別爆撃にたいする怒りを表現した。無差別爆撃による一般市民の大量殺戮は、明らかに一八九九年に成立したハーグ条約に違反する戦争犯罪である。アメリカの世論は沸き立ち、対ドイツ強行路線へと傾斜していった。

第二次世界戦争の末期、アメリカは、ドイツと日本の各都市への無差別爆撃を行った。東京でほぼ一〇万人、名古屋でほぼ四〇〇〇人、大阪でほぼ八〇〇〇人の一般市民が犠牲者となった。一九四五年八月六日には、広島に原子爆弾が落とされて一四万人の一般市民が亡くなり、九日には長崎に原子爆弾が落とされて七万人の一般市民が亡くなった。日本人は、原子爆弾の被害の悲惨さに衝撃を受け、のちの核兵器禁止運動の大きな原動力になった。

一九五〇年代は米ソ冷戦の時代であった。核兵器は、アメリカ、イギリス、フランス、ソ連（現在のロシア）が独占していた。ジャーナリズムはしきりに核戦争の恐怖をあおり立てた。「原子爆弾が落とされたときの避難訓練」「家庭用のガイガーカウンター」「家庭用のシェルター」「政府の要人用の核シェルター」など、次から次に核兵器に関するニュースが流された。次から次へ送り出されてくる部分的なニュースの洪水の中で、「核兵器こそ非人道的な兵器ではないのか？」「広島や長崎でほぼ二〇万の一般市民の命を奪った原子爆弾投下はハーグ条約違反の戦争犯罪ではないのか？」というもっと本質的な「全体」はぼやけさせられてしまった。ジャーナリズムにおける「部分」の洪水は、人々の頭を「部分」で満たし、「全体」を追い出す。

『日本の統治機構』（飯尾潤、二〇〇七）を参考にすると、日本における政策決定のプロセスは、「問題となる分野に責任を持つ所轄部局が起案し、関係部局との組織的調整を行い、次第に政策が形成される」というものである。したがって、省としての政策は「所轄部局起案型」の施策を束ねたものになり、政府としては「省庁連邦型」の政策決定となってしまう。政策決定が所轄部局に委ねられるため、発想と処理が小さな単位に分割されてしまう。逆に、「全体」の問題に対処しようとすると、部局間の調整が難しく、面倒が多くなる。担当者は「全体」の問題を解決するために膨大なエネルギーを使うよりは、自分たちの守備範囲で「部分」の解決策を見出そうとするようになる。

「所轄部局起案型・省庁連邦型」は、一九五〇年代から一九六〇年代の高度成長期のように、経済規模の拡大に対応することが主たる仕事であった時期にはそれなりに有効なシステムであった。しかし、現在のような成熟の時代にあっては、「所轄部局起案型」施策の洪水は、かえって全体を見えなくしてしまい、困難に満ちた現実全体に対応できなくなってしまった。一九九七年に「国有林野事業累積債務三兆五〇〇〇億」と新聞を賑わした林野庁累積赤字問題、二〇〇二年に明るみに出た道路公団の四〇兆円の累積赤字問題などは、「前年度並み」を最重要キーワードとする予算獲得システムに基づく「所轄部局起案型・省庁連邦型」政策決定システムの機能不全を顕在化させたものと言えよう。

逆に、「所轄部局起案型」の良い面は、現場に近いため、現場の実情をよくわきまえていて、「部分」としては優れた政策立案がなされうることである。厚生年金グリーンピア問題など、失敗ばかりがジャーナリズムを賑わせるが、むしろ、「所轄部局起案型」の施策には優れたものが多いと言わなければ必ずしも公平でないかもしれない。

地震防災の視点で言えば、第八章で述べた基幹的広域防災拠点としての国営防災公園なども良く考えられている例かもしれない。ただ、どこに設置すれば効果が発揮できるかという視点を欠いているので、現実に大地震が起こったとき、どれほど効果が発揮されるのか、疑問がつきまとう。効果が疑問な別の例として、耐震診断・耐震改修への資金補助がある。一九八一年耐震基準以下の住宅に住んでいるのは、一九八一年以前に自宅を建てて現在では高齢化した人々か、所得が低くて耐震性能の高い家やアパートに住めない人々が主である。資金補助という施策は、格差社会にあっては、そもそも社会「全体」で機能しないことがあらかじめ約束されていたと言えよう。しかし、もちろん、基幹的広域防災拠点も耐震診断・耐震改修への資金補助も必要不可欠な施策であることは確かである。

ジャーナリズムは「所轄部局起案型」の構造への悪意なき共犯者と言えよう。「所轄部局起案型」の「部分」の方が分かりやすいし、記事や番組にしやすいからである。現在、格差が大きな問題である。ジャーナリズムでは、「ジョブカフェ」「ネットカフェ難民」「日雇い派遣」「能力開発支援」「年長フリーター」など、多くの「部分」が奔流のように流れているが、「何が格差をここまで拡大させたのか?」「格差の要因を取り除くためにどういう政策があるのか?」などの「全体」はほとんど語られない。「全体」には踏み込まない「部分」の洪水には、ジャーナリズムの背骨の不在を疑わせる。もっとも、この言葉はアカデミズムにも、私自身にも跳ね返ってくる。

しかし、「全体」に対する政策が出せない状況を越えていくために重要な役割を果たすのがジャーナリズムやアカデミズムによる外部からの批判と提案であり、それを受けて、「現実」に関わる多くの困難を検討し、「全体」としての政策を作り上げて行くのが、本来、政治の役割であろう(『日本の統治機構』飯尾潤、二〇〇七)。格差を生み出す基本的要因を取り除こうとする政治が見えないことは、人々に政治に対する疑念を生みだし、人々を不安にしている。

金融規制緩和を強力に推進した人々は「政治の不介入」を唱えた。政治家が国鉄の路線作りに口を出し、赤字を拡大したあげくに民営化された歴史を記憶している国民は「政治の不介入」を支持した。「政治は何もしないことがいいんです」というような言い回しとともに、その支持は、巧みに、金融の節度なき規制緩和に利用された。本来は「御用聞き的な政治」、あるいは「利権政治」のみが指弾の対象だったはずなのである。

いまは学問と社会の間に危機が存在する時代だと言われている。もっとも高い緊張状態に置かれているのが経済学かもしれない。ジャーナリズムの窓を通して散見したところでは、金融担当・経済財政政策担当大臣、総務大臣を歴任した竹中平蔵（現在、慶応義塾大学）を典型とする新古典派経済学は、小泉政権のころは、ケインズ経済学をなぎ倒す勢いがあった。しかし、金融危機と社会全体に漂う格差社会の息苦しい空気の中で、かつてのように勢いの良い声は聞こえない。

経済学ほどではないかもしれないが、地震学や防災科学もまた社会との間に危機が存在するように思われる。地震学、特に地震予知には、ジャーナリズムや社会から大きな関心を寄せられている。その関心が、地震研究の知的営みに対して向けられたものなら、予知研究の一翼を担う者として大いなる喜びである。我々が不安に感じるのは、「地震予知」や「防災」は、災害による人々の苦しみを減らすために必要とされる「部分」に過ぎないのに、それが「全体」であるような問題の立て方をして、本当の「全体」から人々の目が逸らされているのではないかとの疑いを持つからである。

次のような言い方もできる。

もちろん、地震予知が可能になれば、耐震強度が低い家に住む人が火気の使用を抑制し、発生する火災数を減らし、火災による犠牲者を劇的に減らすであろう。しかし、言い尽くされて来たことだが、耐震強度が低くて倒れる家は地震予知がされようがされまいが倒れる、老朽下水管は地震予知がされようがされまいが破損する、超高層ビルは地震予知がされようがされまいが長周期地震動に大きく共振する、津波で破壊される沿岸の巨大工場は地震予知がされようがされまいが破壊されるのである。

地震に起因する個人の災いと都市火災を大きく減らすことが出来るのが、耐震補強・耐火補強である。主として一九八一年以前に建てられた耐震性に問題のある住宅の割合は地域によって異なるが三分の一から四分の一である。所得が少なくて耐震補強・耐火補強が困難な人を減らすことが政治と行政の役割であろう。それは地震学や防災科学には出来ない。

地方自治を強化し、予算を地方自治体に回し、老朽化したライフラインの更新や、老朽市街地の再開発などに予算を割けるようにするのも政治と行政の役割であろう。それも地震学や防災科学には出来ない。

予知を含めて、災害を減らすための科学と技術は、社会という堤防にできた穴を埋めるために役立たせるものであろう。いくら防災の科学と技術が高度になっても、災害に脆弱な社会（粗末な堤防）では科学も技術も生きない。

もっと地方分権を

東京の大手資本が地方に入ってきて、超高層マンションが建設される計画が立てられ、周辺の住民が反対運動に立ち上がると、だいたい同じことが起こる。最初は、住民が、自分たちの住んでいる場所（あるいは、それに隣接したビルが建てられようとしている場所）がいつの間にか近接商業地域や商業地域などに変更されていることに唖然とする。くじけないで立ち上がった住民が、住民の同意を建築許可の前提条件とする条例の制定を粘り強く求めると、「建築基準法の枠を越えた規制を含む条例はできない」と主張する与党と、「建築基準法に触れない範囲で可能な限り条例化しよう」（つまり、地方分権の考えを取り入れよう）とする少数野党の対立になり、条例は、否決されるか、骨抜きになるという結末である。人口数一〇万の地方都市の住民が、自然と調和した静かで快適な町作りを望んでも、全国一律の建築基準法の壁に妨げられ、住民の希望は通らない。地域のアメニティは県外大手資本の利潤に転化され、東京に持ち去られる。

『環境経済学への招待』（植田和弘、一九九八）からの孫引きになるが、ジョン・ラスキンは、「アメニティの固着した土地建造空間は、人間の知や美への欲求を充足する固有の源泉」と位置付けた。したがって、土地建造空間をどのようにしていくかはそこに住む人々が決めることであるはずだが、全国一律の建築基準法の壁に妨げられ、県外大手資本に負けてしまう。

あまりの住環境の破壊に、あえて規制の試みを行った自治体も多い。そのほとんどが、中央からの圧力と裁判による敗北を通して挫折していった。たとえば、『「都市再生」を問う』(五十嵐敬喜・小川明雄、二〇〇三)には多くの事例が語られている。

一九九九年に成立した「地方分権一括法」では、自治体が独自に課税する「法定外税」を認め、税源の地方分散への道を開いた。現在行われている「法定外税」の多くは砂利採取税であるが、東京都豊島区の「狭小住宅集合住宅税」や、神奈川県の「臨時特例企業税」のようなものもある。

「臨時特例企業税」は、資本金五億円以上の企業に限って、欠損の繰り越しを認めず、単年度の利益に二%の税をかけるというものである。企業の反発も大きく、裁判になったが、神奈川地裁は、二〇〇八年三月、違法との判決を下した。

このような事例からは、日本では、地方分権の精神は未だに社会に生かされていないと言えよう。

二〇〇八年七月九日の朝刊にパリの話題が出た。パリでは、セーヌ河岸に建つ高さ二一〇メートルのモンパルナス・タワーへの批判をきっかけに、一九七七年、景観保全のため、三七メートルの高さ制限が導入された。この高さ制限を撤廃し、都心部における住宅供給を目的に、高さ一五〇メートルから二〇〇メートルの高層ビルを建てようという計画が承認された。高さ制限への賛否はともかく、市のレベルで決定できるという地方分権がうらやましい。

私が四川大地震から再認識したことは、非常時においては、平常時に行われている以上のことは期待できないということである。平常時の医療が崩壊の危機に瀕しているところで、非常時の災害医療がうまく機能するはずがない。平常時の「食」が危機に瀕しているところで、非常時の「食」の供給がうまくいくはずがない。したがって、地域の病院が大事だと言うことができるし、地元(国産)の「食」が大事だということができる。もし、「医療」と「食」の崩壊がこのまま進行すれば、次の東南海・南海地震のとき、「感染症で死ぬリスク」と「飢え死にのリスク」はどちらが大きいのかを心配しなければならないような不幸な状態に陥るかもしれない。医療という意味でも、食料自給という意味でも、「市」や「郡」規模の自立した地方文化圏が大事だと言うことができる。

国連開発計画の『世界報告書――災害リスクの軽減に向けて』(二〇〇四)によると、一九八〇年から二〇〇〇年までの二〇年間の年間災害死者数は、エチオピア(一万四〇〇〇人)、北朝鮮(一万三〇〇〇人)、バングラデシュ(八〇〇〇人)、スーダン(七〇〇〇人)、モザンビーク(五〇〇〇人)でずば抜けて多い。バングラデシュでの死亡原因は台風による洪水と浸水であるが、北朝鮮、エチオピア、スーダン、モザンビークなどでは干ばつである。同書には「災害リスク軽減のためのガバナンスには、経済的要素、政治的要素と行政要素がある」と述べられている。これは、元々は大きな災害が発生してきた北朝鮮を含む発展途上国に向けられたメッセージであるが、超高層ビルが乱立し、異常な格差が生じ、「農」が崩壊しつつある日本にも奇妙に当てはまる。

今こそ、大平正芳元首相の「田園都市国家の構想」（人口一〇万から三〇万人程度の地域中核都市を中心に、自然との調和の中に美しい都市的環境の整備された人口五万から一〇万人程度の地方中小都市や、農山漁村が有機的に一体となり、日本全体に多層重層的なネットワークを形成する）を思い出したい。

新自由主義とも呼ばれている経済活動の自由の放逸という現実のあとに、民主主義を再び活性化させるものは、アカウンタビリティの徹底と地方分権・地方のがんばりであろう。ジャーナリズムとアカデミズムの相互批判と共同作業がその下支えをしなければならないだろう。

非正規雇用税の提案

ここまで考えて、いま必要なのは、「格差を生み出している要因を取り除く政治だ」ということを確信した。格差を作り出している要因を除くために、最優先でやるべきことは、派遣労働を原則自由化した一九九九年の労働者派遣法改定より以前の状態に戻すことであろう。

しかし、高齢化時代を迎えて、非正規雇用の需要が働く側から増大したのも事実である。私の周辺でも、「少ない家計を支えながら老いた両親の介護を行うためには派遣雇用がなくなると困る」という女性が少なくない。また、急激な派遣労働の縮小は、金融危機のような極端な景気悪化の下では副作用が大きすぎるという考えにも一分の理があるかもしれない。労働者派遣法を今すぐ一九九九年以前の状態に完全に戻すことが困難ならば、次善の策として、「どのようにすれば、企業が正規雇用を基本とするように動機付けすることができるのか？」が問題であろう。

大量破壊大量消費から社会を守るために、「リサイクルや適正処理が確保されてはじめて生産は完結する」というように生産の考えを変えることが提議され、その考えに基づいて、デポジット制や環境税が提案された（『環境経済学への招待』植田和弘、一九九八）。

雇用に対しても同じことが言えるだろう。「労働者の生活が確保されてはじめて雇用は完結する」と考え方を転換させよう。この転換を受け入れれば、「安い賃金、社員の教育費の削減、退職金や社会保険料の不負担などによる経費的メリット、安易に契約を解除することによる経費的メリット」を得ている企業の「利潤」にたいして、社会保障目的税として「非正規雇用税」を課すことに至るのではないだろうか。もちろん、運用上は、資本金五億円以上の大企業に限るとか、単年度で黒字の企業に限るなどの制約は必要かもしれない。

一九九八年、シンガポールの「アジアの明日を創る知的対話」において、当時の小渕恵三外相は、「人間は生存を脅かされたり、尊厳を冒されることなく創造的な生活を営むべき存在であると信じています。『人間の安全保障』とは、比較的新しい言葉ですが、私はこれを、人間の生存、生活、尊厳を脅かすあらゆる種類の脅威を包括的に捉え、これに対する取り組みを強化するという考え方であると理解しております」

とのメッセージを送り出した。小渕恵三は、その直後に総理大臣となり、二年の在任ののち、二〇〇〇年に亡くなった。

「労働者の生活が確保されてはじめて雇用は完結する」という考え方は、「人間は生存を脅かされたり、尊厳の冒されることなく創造的な生活を営むべき存在」という考え方と同じと言えよう。また、「人間の生存、生活、尊厳を脅かすあらゆる種類の脅威を包括的に捉える」という考え方は、まさに、この本の主旨である。

「労働者の生活が確保されない、法が想定してしないような雇用」をして、それを利潤に転化しているような大企業に対して「非正規雇用税」を課すことに躊躇は不要であろう。雇用の自由を利潤に転化させるような経済活動の自由の放逸は、社会を歪ませ、息苦しさを生み出し、民主主義の衰退につながる。

二〇〇八年金融危機の嵐の中で、トヨタ自動車三〇〇〇人、ソニー一万六〇〇〇人など、派遣社員を中心とした大量解雇のニュースが連日のように流れてくる。失業者の苦しみに関わりなく、図8-3の新聞記事のように、大企業は生活者としての労働者よりも、企業の論理を優先させている。それはいっそう民主主義を傷つけるだろう。

二〇〇八年四月に施行された改正パート労働法でも、勤務年数の長いパート労働者の正社員化が促

都　新　聞

2008年（平成20年）　12月24日　水曜日　（日刊）

自動車など大手16社

膨らむ内部留保 財務基盤強化

人より株主優先

人件費回さず

減益で増配も

トヨタ自動車やキヤノンなど日本を代表する大手製造業十六社が大規模な人員削減を進める一方、株主対策や財務基盤強化を重視していることが二十三日、共同通信社の集計で明らかになった。二〇〇八年度は純利益減少が必至の情勢だが、十六社のうち五社が増配の方針、前期実績維持とする企業も五社だった。（3面に関連記事）

大手企業の財務と人員削減	内部留保 2001年度末 2008年9月末	配当 2009年3月期	人員削減
電機・精密9社	6兆6000億円 11兆2000億円	増配4社、維持2社、未定3社	2万1155人
（キヤノン）	（9000億円 2兆8000億円）	（110円［維持］）	（1700人）
自動車7社	10兆3000億円 22兆4000億円	増配1社、維持3社、未定3社	1万8940人
（トヨタ自動車）	（6兆7000億円 12兆3000億円）	（未定）	（5800人）
合　計	17兆円 33兆6000億円		4万0095人

※人員削減は、請負、派遣、期間の従業員判明分。キヤノンは2001年12月期。内部留保は、利益準備金、剰余金、その他の包括利益などの合計。内部留保の額は四捨五入のため合計が合わない場合もある

配当　株主が企業から受け取る利益の分配。日本では、一定水準の配当金を長期間支払う安定配当主義が多く採用されてきた。ただ、利益に比べ配当が低く内部留保を厚くする企業は株主の不満を招きやすく合併・買収（M＆A）の対象になりやすい傾向がある。

利益から配当金などを引いた内部留保の十六社の合計額は〇八年九月末で約三十三兆六千億円。景気回復前の〇二年三月期末から倍増し、空前の規模に積み上がった。

過去の好景気による利益が、人件費に回らず企業内部にため込まれている。世界的な景気減速が続く中で、各社は内部留保などの使途について慎重に検討するとみられる。一方で〇八年四月以降に判明した各社の人員削減合計数は約四万人に上り、今後も人員削減を中心とするリストラは加速する見通しだ。

派遣社員などで組織する労働組合は「労働者への還元が不十分なまま利益をため込んだ上、業績が不透明になった途端、安易に人減らしに頼っている」と批判している。

減益見通しにもかかわらず増配予想を変えていないのはソニー、パナソニック。これまでのところキヤノンは配当について、〇八年三月期実績水準を維持。トヨタ自動車は未定としている。ただ景気悪化の速さに企業が戸惑っている面もあり、今後は配当を見直す動きが出てくるとの見方もある。

調査対象は、キヤノンなど電機・精密九社とトヨタ自動車など自動車業界七社。〇二年三月期（キヤノンのみ〇一年十二月期）と〇八年九月末時点の決算資料や各企業からの回答を基に集計。内部留保は法定の積立金を除く剰余金や各種の評価損益などを合計した。

図8-3●非正規労働者の解雇と企業の姿勢を伝える新聞記事。2008年12月24日朝日新聞。

されることになっているが、大量解雇の現実を見ると、実効性には疑念が湧く。「人間の安全保障」というメッセージも、もともとはアジアやアフリカの発展途上国に向けられたものだが、別の意味で、恐ろしいほどに格差が拡大し、安易に労働者の首が切られる日本の社会にも当てはまる。

一九九九年の労働者派遣法の改正の主旨は「労働者を安く使って利潤を上げるのを正当化」したり、企業の論理を優先させて「安易な首切りを正当化」することではなかったはずだ。明示的に禁止されていないことをよいことに「人々の生活が脅かされる、法が想定していないような商行為」をする者は悪徳商人と呼ばれる。株主と内部留保にのみ目を向け、「労働者の生活が確保されない、法が想定してしないような雇用」をする大企業は何と呼ばれるのだろうか。

非正規労働者を切り捨てようとする大企業は、「国際的競争力が損なわれて自由貿易に勝ち抜けない」という。だが、そもそも、自由貿易が大切である理由は何なのだろうか。それは、一九三〇年代の大恐慌のとき、世界各国が保護貿易に走り、国際貿易が縮退し、それが一層各国の経済を縮退させ、世界の人々の生活と尊厳が脅かされる事態に至った反省から、自由貿易が不可欠で重要であるという認識に至ったからであろう。労働者の生活と尊厳を脅かすような自由貿易は本末転倒だと言えよう。「これがグローバリゼーションだ」と語った某大企業の経営者の言葉は、本末転倒の行き着く先のように見える。厚い内部留保にかかわらず何故大量解雇をしなければならないのか、労働者派遣法に盛り込まれた「派遣社員が一年を越えて同じ職場で働きたいと希望すれば正社員として雇う努力義務」

を何故守ってこなかったのかも併せて、これらの企業には説明責任があるだろう。

パート労働者や期間雇用の労働者は雇う企業に直接責任があるが、派遣労働者に対しては、直接の責任は派遣会社にもあるので、「労働者の生活が確保されない、法が想定していないような雇用」に対しては派遣会社も責任を負わなければならない。

読売新聞の社是と言える「読売信条」の一条には、「個人の尊厳と基本的人権に基づく人間主義をめざす」と書かれている。社是はどの新聞も似たようなものであるが、個人の尊厳と基本的人権を明示しているのは全国紙の中では読売新聞だけである。この信条に基づいて、読売新聞は、恐ろしいほどに格差が拡大し、安易に首を切られる日本の社会にたいして、どのような全体像を示し、どのような提案を行うのだろうか。もちろん、それが求められているのは読売新聞だけではない。

二〇〇八年八月一七日の朝日新聞の「二つの戦後④」を読んで私は驚愕した。フリーターや派遣労働者の生活から抜け出せない若者たちから、「希望は、戦争？」というブログが生まれた。現在の社会を徹底的に流動化させ、そのような生活から抜け出す機会をもたらす可能性があるものとしての戦争願望の持ち主が増えているというのである。「労働者の生活が確保されない、法が想定していないような雇用」を行う経済活動の自由の放逸とセイフティネットの弱体化は民主主義の体力をそぎつつある。私は、キシキシと民主主義が歪む音が聞こえてくるような幻覚にとらえられることもある。その先に、次の東南海・南海地震が待っている。三〇年はそんなに先ではない。

日本の医療が崩壊の道をたどり始めたきっかけは明確である。社会保障予算が抑制され続け、必要なだけの予算が確保されてこなかったからである。政府は「社会保障の予算規模が大きくなりすぎ、年間予算の多くを占めるようになった」ことを言い訳にしている。それも事実の一面かもしれない。一方、OECDのファクトブック二〇〇七年版によれば、先進七ヶ国の中で、社会保障予算の対GDP比は、フランスがほぼ二九％で最大で、日本は五位で一八％、最低のアメリカ合衆国の一六％に次いで低い。いったい、この矛盾の原因は何なのだろうか？

それもはっきりしている。公共工事のために建設国債を無秩序に発行してきたため公債残高が五五〇兆円を超え、利息の支払いが毎年二〇兆円にものぼるからである。二〇兆円は社会保障予算とほぼ同じである。矛盾の原因はここにある。この膨大な借金は、社会保障予算を抑圧し、医療を危機に陥れ、日本の社会を恐ろしいほどに歪ませている。この一五年間、国の借金を膨れあがらせてきた政治や行政の責任者達からは「仕方がなかった」という言葉を聞くのみである。

五五〇兆円という膨大な国の借金にも関わらず、そして、単位面積当たりの道路が他国に比べてずば抜けて多いにもかかわらず、政治と行政は道路特定財源六兆円で道路を造り続けようとしている。道路特定財源を一般財源化し、その三分の一ほどを社会保障にまわせば、社会保障予算を抑制する必要はないし、医療の崩壊も食い止めることができるだろう。「社会保障の予算規模が大きくなりすぎ、年間予算のほとんどを占めるようになった」という狭い「部分」のみを切り出し、社会保障予算の伸びを押さえ込んできた政治と行政は国民からの信頼を裏切っているとしか思えない。
また、国民の租税と社会保障を合わせた国民負担率は、図8-4のように日本は低い。このような数字を根拠に、「北欧の国々が高負担高福祉なので、日本も消費税を上げて高福祉高負担（あるいは中福祉中負担）に移行しよう」と一部の政治家はいう。私は、日本も、北欧型の高負担高福祉に移行してほしいと考えている。しかし、現在の時点での消費税の引き上げには強く反対したい。なぜなら、一〇〇〇万人を超える収入二〇〇万円以下の人々とその家族を痛撃するからである。

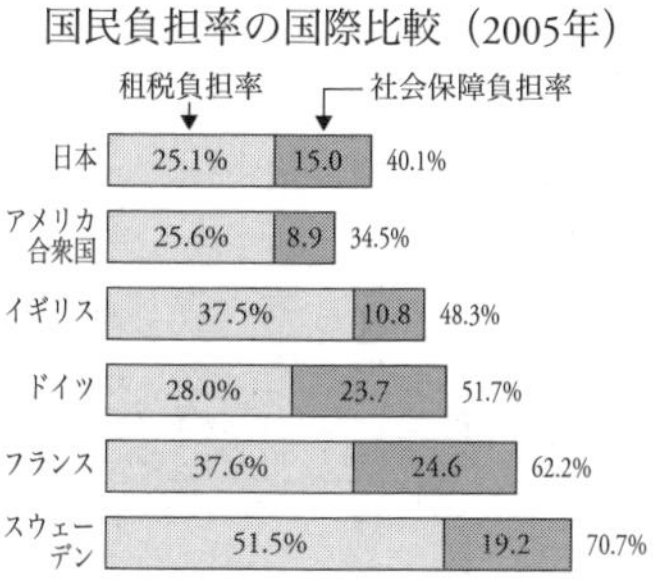

図8-4●国民負担率の比較。『日本国政図会　第66版』（2008/2009）による。

図8-4をよく見ると、スウェーデンやフランスなど貧困率が七％以下の国ほど国民負担率が高いという事実に気づく。このことから、「北欧の国々が高負担高福祉なので、日本も消費税を上げて高福祉高負担に移行しよう」という意見は論理が逆転していることがわかる。「貧困率が低いと、消費税を上げることが可能で、高負担高福祉に移行することが可能になる」というべきなのである。「高負担高福祉に移行するために必要なのは格差を生み出している要因を除く政治」だと言えよう。政治や行政は、格差問題を抜きに、「日本の国民負担率は低い。従って、日本の国民はもっと負担して良いはずだ」などと語るべきではない。

金融危機によって経済が萎縮しつつある現状において、必要なのは「内需を構造的に安定させる施策」である。安定した雇用への転換こそが、構造的な内需の安定と拡大の基盤になるであろう。それは、もっとも実効的な少子化対策にもなり、高負担高福祉への移行の出発点にもなる。

「非正規雇用税」を課すと、非正規雇用をしている企業は従業員の数を減らそうとして失業が増える副作用があるという意見もあるだろう。今後、「非正規雇用税」以外にも多くの提案が行われるだろう。それらと、揮発油税や地方道路税など道路特定財源の一般財源化、消費税引き上げなどの効用と副作用を比較検討しながら、「全体」として、日本が取るべき道の議論が行われるように望みたい。ただ、「労働者の生活が確保されてはじめて雇用は完結する」という理念だけは尊重されてほしい。

単純な言い方をすると、地震予知の主たる役割は、政治と行政が格差を是正し、セイフティネットを力強いものにし、社会の災害脆弱性を克服してもなお残る「弱者のための防災対策」なのではないだろうか。地震予知は本質的に政治と行政を補完するものでしかない。そのような社会こそが、日本人にとって幸せな社会だと言えよう。

第9章 次の東南海・南海地震に備える社会を作るために

北陸線の車窓からの風景。滋賀県西浅井町周辺。

三〇年後への不安

アメリカ発の節度なき金融の自由化を受け入れ、安定した間接金融システムが弱体化し、生産の現場が半ば崩壊し、多くの雇用を抱えていた重厚長大産業が衰えた（『金融権力』、本山美彦、二〇〇八）あげく、二〇〇八年に至って日本は金融危機に痛撃された。今後、金融の不安定化は長期化し、何年も日本は余効変動に振り回され続けるだろう。そのため、財政の硬直化は改善されず、ライフラインの更新などの災害脆弱性の是正は遅れる。そのあと、ほぼ三〇年後、次の東南海・南海地震はやってくる。なお、「三〇年後」というのは、地震調査委員会（二〇〇八）による発生確率がほぼ三〇年後に五〇％を越えるという意味である。現実には一〇年後かもしれないし、五〇年後かもしれない。しかし、近い未来に東南海・南海地震に痛打されることは確実である。あるいは、東京直下型地震の方が先かもしれない。

その頃、子供達や孫達の世代はどうしているのだろうか。幸せに生活しているのだろうか。考えれば考えるほど不安な気持ちになる。彼らのために何ができるのかを考えるためには、三〇年後の日本を適切に予見しなければならない。未来を適切に予見することは本質的に難しいが、この章では、今がどんな時代かを考え、それを未来に延長しながら考えていこう。

二一世紀前半の社会のあり方を考えるための重要な要素はレジリアンス（resilience）だという言い方もできる。レジリアンスとは、個人、地域、社会の災害をはねのけるしなやかさ、災害の後に人々の生活を取り戻す社会の復元力である。二一世紀前半のレジリアンスを大きく左右する要素は、地球温暖化、「農」、地方分権、政治と行政、ジャーナリズム、アカデミズムなどと言えよう。この章ではこれらの要素の関わりについて議論を重ねたい。

現時点で多少の対策を講じても勢いを止めることができず、三〇年後に向かって確実に進行し、地球規模で人間社会のあり方に大きな影響を及ぼすのは、「地球温暖化」「化石燃料の枯渇」「食の枯渇」であろう。地球温暖化と中進国での急速な産業発展に伴い、地球規模での一層の自然の荒廃、生態系の変化が進んでいく。その中で、化石燃料も「食」も枯渇し、同時に疾病が蔓延する。もしこのままいけば、三〇年後、人間社会は危機に瀕しているように思われる。

日本に固有な事情は、「世界でもまれな急激な高齢化・少子化（したがって、今後数十年にわたって進行する急激な人口減）」「農の崩壊」「大都市を襲う巨大地震」である。急激な高齢化・人口減は深刻である。今後、人口減に伴って、企業は生産を維持するために、農村の若者人口をどん欲に都市へ吸収するだろう。二〇〇八年金融危機を迎えて、企業による農村人口の吸収は一時的に止まるかもしれないが、長期的な流れは変わらない。そうすると、ただでさえ崩壊しつつある農村と山村は消滅寸前にまで至るだろう。格差と人口減のために国内需要が減少し、そのため産業は衰弱し、円価値は下落し、そのため「食」の価格は一層上昇し、生活レベルが低下し、社会が荒廃する悪循環のシナリオもありうる。東南海・南海地震が来なくても、日本の社会の危機は深刻化しているかもしれない。

地球温暖化は事実か

地球温暖化は事実か、その原因は人為的なものか、多くの議論が交錯している。一九九〇年代には、「地球温暖化の証拠は不十分」と攻められると困惑する状況もあったが、現在ではデータが蓄積され、証拠不十分ということはなくなった。図9-1（上）は、「国連気候変動に関する政府間パネル」報告書による、一八九〇年以降の平均的気温変化である。二〇世紀の気温上昇は一度にも達する。図9-1（下）は、過去一〇〇〇年間の北半球の平均的気温変化である。一八六〇年以前は、もちろん温度計などあるはずがない。氷床コアの酸素同位体比の変化などの化学的手法や、木の年輪幅の変化や、サンゴの成長線の変化などの生物学的な手法によって推定されたものである。

地球温暖化の主犯は、人間の生活や経済活動が大気中の二酸化炭素の量を増やし、それによる温室効果が強まったことだと推測されている。地球温暖化のため、二一世紀末には気温が五度も上昇し、北極と南極の氷が溶け、海水面は六〇センチメートル以上も上昇すると予測されている。一九九七年

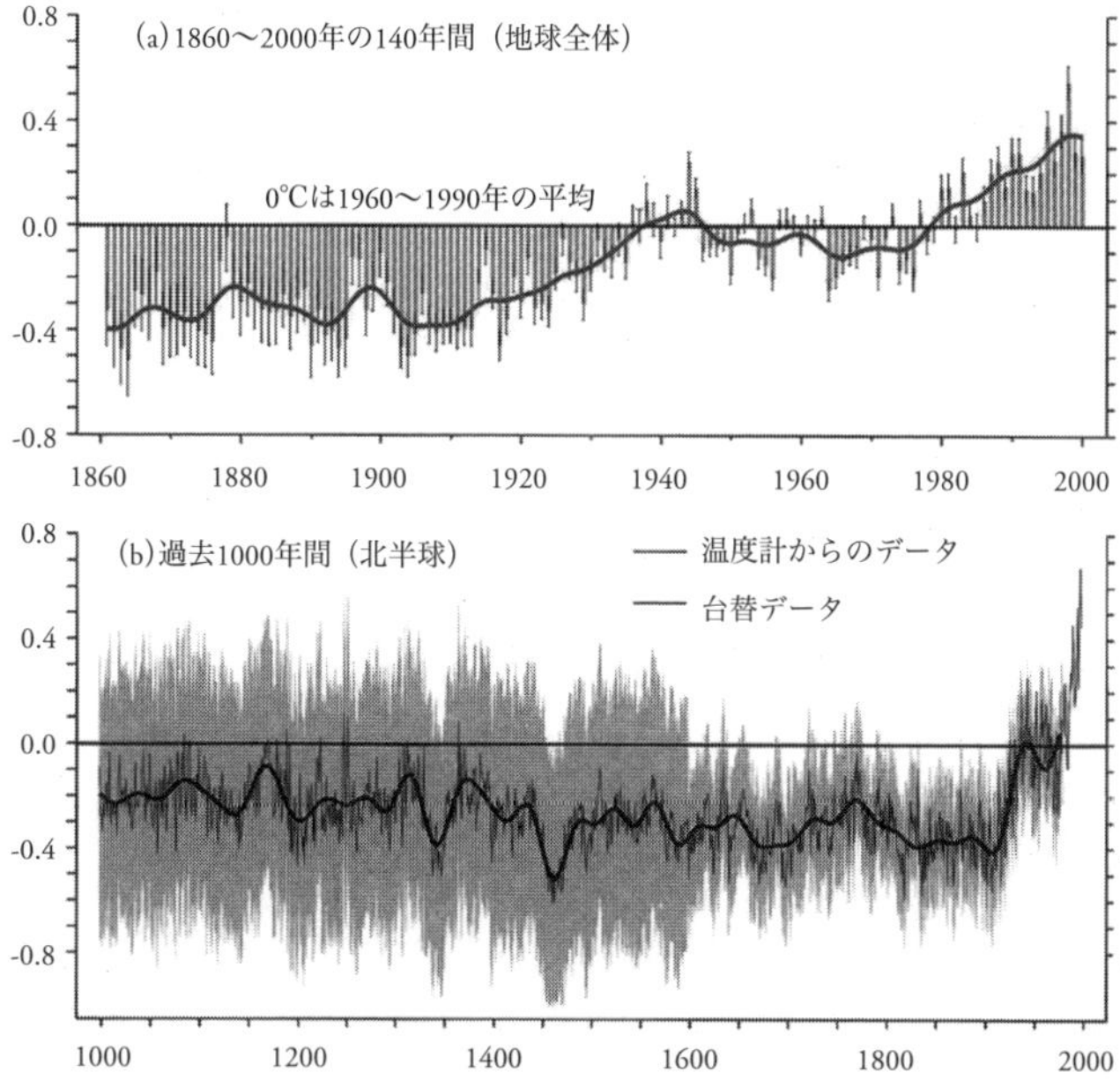

図9−1●（上）1860 年以降の平均的気温変化。気象庁（2005）『異常気象レポート』による。（下）過去 1000 年間の地球全体の平均的気温変化。1860 年以前は、氷床コアの酸素同位体比の変化や、木の年輪幅の変化や、サンゴの成長線の変化などによって得られたもの。縦棒は誤差の範囲。国連気候変動に関する政府間パネル（2001）による。

には京都議定書が締結され、地球規模で二酸化炭素の排出量削減の努力も始まった。二〇〇七年には、アル・ゴア元アメリカ合衆国副大統領と「国連気候変動に関する政府間パネル」にノーベル平和賞が授与された。

地球温暖化が進行してまず起こると予想されているのが極地方の気温の上昇である。新聞などで報道されているように、すでに北極海の氷の減少は急速に進行している。その次に進むのが、北緯三〇度近辺に位置する地中海、アメリカ合衆国南部からメキシコ、南緯三〇度近辺のアフリカ南部とオーストラリアの乾燥化である。これらの地域は穀倉地帯なので、世界の「食」の枯渇が加速される。平行してヒマラヤ周辺の山岳氷河の融解が急加速し、ネパールは広範に氷河湖の崩壊による洪水の危険にさらされるだろう。

逆に、赤道直下と高緯度地方は降雨が増え、大型台風、豪雨、土砂災害など、かってない頻度で発生するようになる。豪雨が増えるのは、気温が上がると、大気の中に含まれる水蒸気量が増え、激しい雨を降らしやすくなるからである。

最近は頻繁に異常気象のニュースが新聞やテレビに登場するが、中でも、二〇〇三年は極端な異常が出現した年だった。ヨーロッパは、例年より五度から六度も高い異常熱波に襲われた。四万六千年に一度の確率で起こる極めて特異な出来事であったとされている。フランスで一万五〇〇〇人、ヨーロッパ全体で三万人もの人々が熱中症で亡くなった。犠牲者は高齢者に偏っていた。逆に、日本は異常冷夏で、年を取って体温調整能力が衰えた私にはありがたかった。今後は、世界各地で、一〇〇〇年に一度というような極端な大災害が頻発するだろう。

日本における災害対策の基本は、「二〇〇年に一度の確率で起こる災害を想定し、その災害を押さえ込む土木工事をする」というものである。では、一〇〇〇年に一度の大洪水が起こるのなら、一〇〇〇年に一度の洪水に耐えうるように堤防を嵩上げすればいいのだろうか？　それには限界があることは明らかであろう。堤防を嵩上げするなと言っているのではない。ゼロメートル地帯の堤防を嵩上げしなければいけないことは明らかである。「所轄部局起案型」の対策に固執するのは止め、環境から社会のあり方までを含めた「全体」を考えた防災でありたいと言う意味である。それは、後述の「淀川水系流域委員会」の提言の主旨でもある。

地震災害は地球温暖化にも関連している。例えば、東京直下型地震の場合は、五〇万戸から八〇万戸が倒壊して一億トンの瓦礫が出るものと想定されている。この瓦礫は地球環境に大きな負荷をかける。「地球環境に負荷をかけたくなかったら耐震改修・耐火改修をしよう」ということもできる。

地球温暖化による海面上昇は、地震動で揺られた堤防の決壊によるゼロメートル地帯への海水の進入など、地震災害を増幅する。水不足、補給すべき「食」の不足、疫病の蔓延などは、地震災害に追い打ちをかけ、深刻化させる。地球温暖化が、多くの面で災害危険要因を増幅し、社会の災害レジリアンスを損なうことは間違いない。

「地球温暖化対策」は炭酸ガスを出さないこと、そのためには化石燃料を使わないことで、「化石燃料の枯渇対策」と共通している。それは次の四つの要素に分けることが出来る。

（一）市民の役割――化石燃料を使わない生活
（二）工学の役割――炭酸ガスを出さない技術
（三）産業の役割――炭酸ガスを出さない技術コストの負担

（四）政治と行政の役割――化石燃料を使わないような政策的誘導

市民の役割については、ゴミの分別収集に積極的に協力する日本人の生活態度を考えると、心配は不要と思われる。炭酸ガスを出さない技術を含めた環境技術においても、日本が世界でもっとも最先端にいることはよく知られている。もっとも重要な、しかし大きな不安要因は、コスト高を受け入れたがらない産業と、化石燃料を使わないような政策的誘導を行うべき政治と行政である。たとえば、コスト高を嫌って、産業界はなかなか環境税を受け入れない。

政治と行政に関わる身近な例として、高速道路の料金を安くして支持率を上げようとする安易な政策には不安を覚える。たとえば、京都から富山までＪＲで行くと、一人だと約八〇〇〇円、二人だと約一万六〇〇〇円である。高速道路を使うと料金約七〇〇〇円とガソリン代約三〇〇〇円をあわせて約一万円となる。二人で行く場合は自動車で行くことを優先的に考慮することになるが、一人だとＪＲで行く。もし高速道路料金が半額になると一人でも自動車の方が安くなり、ＪＲを使おうとする動機は弱まり、自動車を使って化石燃料を浪費し、炭酸ガスの増加に手を貸してしまうことになる。地球温暖化の時代、化石燃料枯渇の時代にあって、無料は論外である。

内閣府は、フランスやイタリアの高速道路料金が日本の半分以下であることや、世論調査で高速道路料金を引き下げる声が半数を越えることを根拠に、高速道路料金を引き下げる方向に誘導しようとしている。そのとき、フランスやイタリアのガソリン税が日本の一・五倍から二倍近いことは語られない。一般的な傾向として、高速道路料金とガソリン税の間には逆の相関がある。高速道路料金、あるいはガソリン税という「部分」の国際比較だけを根拠にして結論を誘導するのではなく、それらに「環境への負荷」や「社会保障費」も含めた「全体」としての判断が必要であろう。アメリカは高速道路料金も安くガソリン税も安い例外であるが、それは、先進国としては例外的に国土が広く、石油の自給率が高いからであろう。

「農」の不安

地球温暖化が進行するにつれて、多くの穀物の品質と収量が落ちていく。北緯三〇度当たりに分布する地中海地域、アメリカ合衆国南部、南緯三〇度当たりに分布するオーストラリアや南米の穀倉地帯の乾燥化による生産高の減少が追い打ちをかけるだろう。

図9-2は、一九九七年（左）と二〇〇七年（右）の一〇年の間に起こった、水稲うるち玄米の一等比率の変化である。東北と北海道では一等比率が上がった（質が上がった）が、北陸から西日本では低下した。九州では深刻である。

穀物の品質は主として夏の気温で決まる。昼の間にでんぷんを作り、夜の間に実に蓄えるのだが、

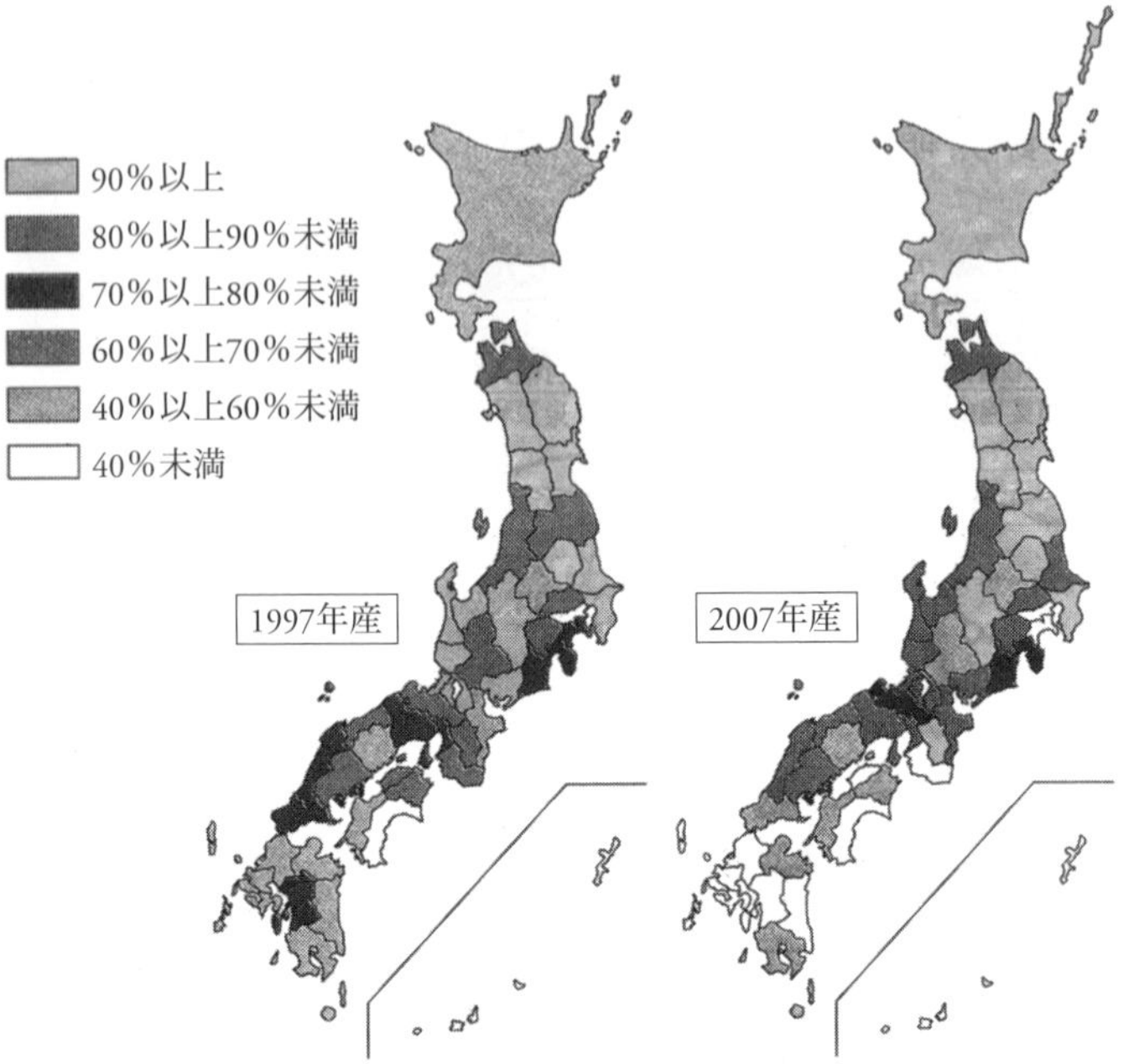

図9-2● 1997年（左）と2007年（右）の水稲うるち玄米の一等比率。2008年7月21日京都新聞による。

夜の間の気温が高いと、でんぷんを自己消化してしまい、品質が下がる。このまま地球温暖化が進行すれば、水稲うるち玄米の一等比率は一層低下し、収穫量も落ちていく。

日本の耕地面積は、一九六〇年代のほぼ一〇〇〇万ヘクタールからどんどん減少し、二〇〇〇年には五〇〇万ヘクタールまで減少した。なお、穀物を完全自給するために必要な耕地面積は約一七〇〇万ヘクタールとされている。

耕地面積減少の主たる原因は都市部における宅地への転換で

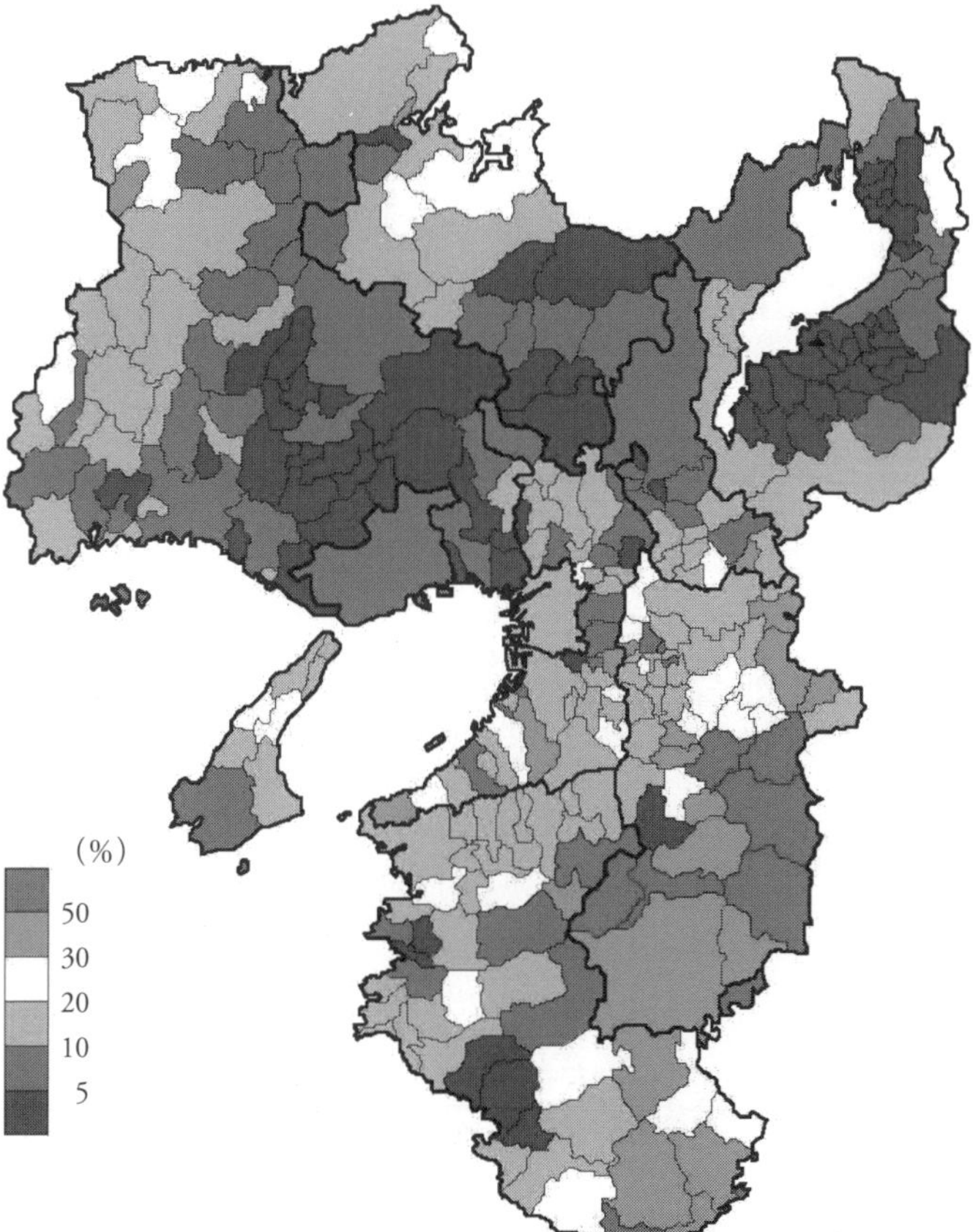

図9−3● 2005年農林業センサスによる近畿地方の耕作放棄地の割合。特に山間部で耕作放棄地が拡大していることが分かる。農林水産省のホームページ「耕作放棄地対策の推進」(2008) による。

あるが、最近は、耕作放棄地が拡大している。「二〇〇五年農林業センサス」によると、耕作放棄地は、一九八五年の約一四万ヘクタールから、二〇〇五年には約三八万ヘクタールに増加した。図9-3は近畿地方の耕作放棄地の割合を示す。特に山間部で耕作放棄地が拡大していることがよく分かる。政府の「経済財政改革の基本方針（骨太の方針）二〇〇七」には、農業上重要な地域（平野部の穀物の生産高の多い地域）の耕作放棄地を「五年程度をめどにゼロ」とする目標が掲げられたが、六〇歳以上が六〇％を占める農村の人口構成を考えると、目標の達成はむつかしい。

北陸自動車道を北に向かうと、鯖江、福井、小松、金沢、高岡、富山、魚津などの地方都市が点在している。中国自動車道を西に向かって播州平野の北端を通り、活動的な活断層である山崎断層の上を走ってさらに西に向かうと、津山、新見、三次などの地方都市がある。私は、これらの地域を通るたびに、美しい田園風景と緑豊かな山地を眺めながら、「日本は、本来、「食」にも「木材」にも困らない国のはずなのになあ」と訝しく思う。これらの地域は、三〇年後の東南海・南海地震の時には、五〇〇万人の被災民への大量の「食」の提供の基地、復興のための大量の木材の提供基地、数十万人の震災疎開者の受け入れ基地と期待されている。穀物の収穫量の低下、品質の低下、耕作放棄地の増加の不安にさらされているこれらの地域は、三〇年後にはどのようになっているのだろうか。

三菱総合研究所の『地球環境・人間生活にかかわる農業及び森林の多面的な機能の評価に関する研究報告書』（二〇〇一）によると、日本における農業の経済的機能は、洪水を防ぐことで毎年三兆五〇〇〇億円、水資源の涵養で一兆五〇〇〇億円、土砂崩れを防ぐことで五〇〇〇億円、土の流出を防ぐことで三〇〇〇億円で、計五兆八〇〇〇億円と見積もられている。森林の経済的機能は、二酸化炭素吸収機能として一・二兆円、表面侵食防止で二八・三兆円、表層崩壊防止で八・四兆円、洪水防止で六・五兆円、水資源の涵養で八・七兆円、水質浄化機能で一四・六兆円、計六八兆円である。逆に言うと、農業と林業が崩壊すると、大規模な洪水がますます頻発するようになり、土砂崩れが増大し、国土の荒廃が加速する。その対策のために毎年何兆円もの予算が必要となる。国の財政的資源を予防的に「農」と「地方」に割り振ることには大きな現実的メリットがあるのである。

自由貿易という不公平な競争

二〇〇八年の前半、米、小麦、トウモロコシなどの穀物の国際価格が高騰したが、後半に入って、金融危機とともに元のレベルに戻った。しかし、今後、世界的な「食」の枯渇の時代を迎えて、長期的には「食」の価格がじりじりと上昇していくことは避けられない。二〇〇八年前半の穀物価格の高騰は、天からの警鐘と考えよう。

小麦などの穀物の国際価格の上昇は、穀物輸入国の富が輸出国へ移転されてしまうことを意味する。

だからと言って、穀物価格の上昇がアジアやアフリカの貧しい農業国の飢餓を和らげるような気がするのは錯覚である。現実は、農業人口が一〇％以下のアメリカやフランスなどの欧米の国々が、農業人口が過半を占めるアジアやアフリカの貧しい国々に穀物を輸出しているという倒錯した状況にある。穀物価格の上昇はアジアやアフリカの貧しい国々を痛打し、飢えはますます拡大する。そこには日本以上に深刻な危機が存在する。

二〇〇八年七月末、ドーハ・ラウンド（世界貿易機関（WTO）の多角的貿易交渉）決裂のニュースが流れた。私もそうであったが、ほっとした人は多かったに違いない。もしドーハ・ラウンドが妥結していれば、今後一〇年にわたって、穀物の輸入国であるアジアやアフリカの貧しい国々の農業は一層破壊され、飢餓はますます拡大しただろう。

農産物の貿易自由化がアジアやアフリカの貧しい国々にメリットになるのなら、それには大きな意義があるかもしれない。しかし、アメリカを中心とする欧米の国々を富ますための農産物の貿易自由化などに意義を見いだすことはむつかしい。アジアやアフリカの貧しい国々の飢餓の解決を図るために必要なことは、言い尽くされていることであるが、アジアやアフリカの貧しい国々の「食（特に「農」）の自立」を促す積極的な国際的協力である。決して農産物の貿易自由化ではない。貧しい国々の飢餓の拡大への配慮の乏しい貿易の自由化を推進する世界貿易機関へは、歴史的役割は終わったとの声が高まるかもしれない。

最近の日本の犯罪の特徴は、犯罪者の高齢化と再犯率の上昇である。高齢者の犯罪者の増加は、年金を貰えない高齢者の増加と相俟っていることは言うまでもない。帰ることのできる家庭があれば、家族のために犯罪を繰り返さないと思うだろう。田舎に受け入れてくれる両親がいれば、再生への大きな足がかりとなるだろう。再犯率の上昇は、格差の拡大、それに伴う単身者の増加、農村の崩壊が寄与していると言うことができる。高度成長期には、日本は、世界的にも犯罪の少ない社会であった歴史を思い出す。農村が今ほど危機に瀕していなかった時代には、都市で失業したり、適応できなかった者のかなりは両親の元に帰って農業に従事することができた。農村は社会の柔軟性を維持する役割をも担っていた。

一九八〇年代から一九九〇年代、「日本の製造業はいつまでも輸出によって得た外貨を稼ぐだろう。その外貨によって食物は輸入すればよい」という永続するかどうか疑わしい仮想の元で、政治と行政によって、農業に対して製造業と同じ基準で生産性の向上を求める市場原理主義が強制された。そのため、農産物の大幅な貿易自由化が受け入れられ、農村の崩壊を通して、高い再犯率、雇用の不安定に対する柔軟性の欠如などを副症状とする「列島規模での人口の墓場化」が生み出されてきた。一九九七年「新総合土地政策推進要綱」、二〇〇〇年「都市再生推進懇談会」、二〇〇一年「都市再生本部」、二〇〇二年「都市再生特別措置法」などによる公共工事の大都市への集中が、「列島規模での人口の墓場化」を一層加速したということができる。なお、私は理系のせいか、製造業の底力については楽観的である。問題は、その製造業をもってしても外貨を稼ぐことが困難な状況に陥りつつあることであるし、外貨を稼げたとしても、「食」の枯渇が深刻化する近未来においては、食の輸入は困難になると危惧されていることである。農業に市場原理主義を強制し、衰退させた過ちは、次の世代、次の次の世代を長く苦しめるのではないかと不安を感じてならない。

大きな格差を抱えたままで、地球温暖化と「食」の枯渇の時代に突入していくと、日本の社会はどのようになるのだろうか。もし、現在進行している金融危機が拡大して世界同時不況に陥ると輸出が困難になり、外貨が稼げなくなると、食の輸入も困難になる。歪みは貧しい人々に集中し、不満は限りなく増大し、社会は不安定になっていく。「食」の枯渇が極限に達したときには、多角的貿易交渉の枠組みで自由化を迫っているアメリカをはじめとする欧米の国々も、自国の「食」の確保のために、穀物を輸出しなくなるだろう。

世界的な「食」の枯渇の時代を目の前にして、日本のように「極端に大きな災害危険因子を抱えている国」がしなければならないことは、可能な限りの「食の自立」であろう。自国の農業を保護しないことは国としての自殺行為に近い。「食」を全面的に外国に依存した社会に持続的発展はありえない。『「農」をどう捉えるか』(原洋之介、二〇〇六)からの孫引きになるが、新渡戸稲造は『農業本論』(一八九八)の中で、「内に農の力を籍らずして、外に商工のみによりて勇飛せんとするは、恰も鳥が樹木、岩石等の間に一定の巣を構ふることなくして、渺茫たる海洋をば唯其両翼によりて飛翔するが如きのみ。時に其勢力を扶植すること或はこれ有らん。然れども国として永続したることは、古来未だ其例を見ず」と述べている。

「地域からの挑戦」——智頭の試み

大学の中から、農村や山村の地域のあり方に実践的に取り組もうという動きも拡大している。『地域からの挑戦』（岡田憲夫ほか、二〇〇〇）によりながら、智頭町の「くに起こし」の例を紹介しよう。

中国道を佐用インターチェンジで降りて智頭街道を北に向かうと五〇キロメートルで鳥取に至る。その途中で、岡山県から鳥取県に入った最初の町が智頭町である。JR智頭駅を中心とする町並みは古い宿場町の趣を残している。

一九八四年、行動力のある二人が智頭町の「くに起こし」に立ち上がった。父親の倒産した製材所を立て直し、地域の活動にも積極的に参加してい前橋登志行（当時四八歳）と、広島での一〇年の生活の後に故郷に帰ってきた寺谷篤（同三六歳）である。かれらには、「自らが住む地（集落）を見つめ、将来のビジョンを描き、その実現に自ら汗をかこうじゃないか」という多くの若者が協力するようになった。

かれらは、村の特産品である「杉」に付加価値を付けることから始めた。一九八七年に「木づくり遊便コンテスト」、一九八八年に「智頭杉「日本の家」コンテスト」を催した。このコンテストに出された作品の設計図は、貴重なノウハウとして蓄積され、知的資産となっている。一九八九年には、多くの人々の協力を得て、ログハウス群「杉の木村」が建設された。それは、都会の人々の憩いの場ともなり、都会と地元の人々との交流の場ともなっている。

一九八八年、国際交流の要素を取り入れようとしていた二人に要請されて、当時鳥取大学で過疎地の地域計画を研究テーマにしていた岡田憲夫（現在、京都大学防災研究所）が協力するようになった。岡田の参加により、研究者との交流は大きく広がり、毎年開かれるようになった「杉下村塾」には、多くの大学人なども参加するようになった。

運動は次第に町全体に広がり、一九九七年からは「ゼロ分のイチ村おこし運動」となった。それは集落単位の運動で、「特色を一つだけ掘り起こし、誇りある村づくりを行う」ことを宣言した。その特色は、山ぎわと線路ぎわに花桃を植えて集落を桃源郷にしようという試みであったり、山の斜面のカヤを刈り込んだ「平成の蛇の輪」（悲恋伝説が残っている）であったり、「人形浄瑠璃の館」と名付けられた公民館であったりする。「元気」が町に広がっていった。

『地域からの挑戦』では重要なことが指摘されている。

智頭町の人口は一九五五年頃（日本全体の人口はほぼ九〇〇〇万人）にほぼ一万五〇〇〇人とピークに

達し、それ以降は減り続けた。しかし、現在の人口ほぼ一万人は一九一〇年代（同ほぼ五〇〇〇万人）の水準に相当しており、過疎と言っても一〇〇年前の村落の人口包容力のレベルに戻っただけである。問題は、戦後の高度成長の過程で、多くの町民が町外に職を得るようになって集落が村落共同体としての生活を失ったことであり、そのなかで、主体性を失って行った地域の体質であった。

別の問題点は、多くの山林を持つ資産家が未だに集落の意志決定を牛耳っており、その風土が若者を都会に流出させている一因となっていたことである。一九八四年に立ち上がった二人の行動は、個人をクローズアップすることにより、このような集落のあり方に大きな変化をあたえた。何かの役割を決めるとき、「婦人会に任せよう」とか「老人クラブにやってもらおう」ではない。個々人から希望をつのり、みずからやってみようという人がいればその人を指名するのである。それが個人の元気を引き出す。

日本各地の元気のよい多くの地域を紹介している『地域の力』（大江正章、二〇〇八）の中では、「活気のある地域には、Iターン（よそ者）とUターン（出戻り）が多い」と指摘されている。都会育ちのよそ者は、農業や林業の復権や環境保全という価値観の元に地域を魅力を発見し、全国に伝えている。それがまた、新たな人を引きつける。智頭の事例も同様であった。このような「元気」が、日本の大きな流れとなることが、災害レジリアンスをも高めるだろう。

過疎と言っても、多くの場合、元々の人口包容力に比べて特に減少したわけではないこと、都会人と地元民の異質の出会いが元気を生み出すこと、大学の研究者のアドバイスが生きる場があることなど、智頭の試みは多くのことを教えてくれている。

淀川水系流域委員会

長良川河口堰（三重県）に対する激しい反対運度を契機に、一九九七年、河川法が改正され、「住民参加」と「環境重視」が盛り込まれた。当時の建設省内の中堅・若手官僚たちの熱い議論に基づいた、河川管理に新しい道を開く「社会実験」と言われた合意形成システムである。

一九九七年当時、林野庁の累積赤字問題が新聞を賑わしていた。林野庁は、伐採すればするほと赤字になるにも関わらず、国有林の木材伐採事業の継続に固執し、単年度で一〇〇〇億に及ぶ赤字を出し続けた。八月二八日の日経新聞には「国有林野事業、累積債務三兆五〇〇〇億」という見出しが踊った。事業の継続に固執する省庁のあり方という意味でも、無用な自然破壊という意味でも、衝撃は大きかった。このような行政の状況も、中堅・若手官僚を「社会実験」に動かしたのであろう。

二〇〇一年、淀川水系のダムに関する議論を「住民参加」で行う「淀川水系流域委員会」が立ち上げられた。公募で集められた委員は、近畿地方整備局淀川工事事務所との間で徹底した討論を行い、議事録は公開するなど、従来型の審議会とはまったく異なる運営方式がとられた。

二〇〇三年、委員会は、

「(ダムは)治水、利水、発電等を目的として、生活の安全・安心の確保や産業・経済の発展に貢献してきたが、(中略)河川本来の生態系と生物多様性に重大な悪影響を及ぼしている。したがって、今後は、河川環境の観点からは極力抑制するべきであり、治水および利水の観点からは新たな理念に沿った抜本的な再検討が必要である」

とする提言をまとめた。新規ダムについては、

「建設地点が自然的・社会的条件から最適であり、考えられるすべての実行可能な代替案のなかで最も有効性があり、自然環境への影響が社会通念上止むを得ないとされる程度であり、経済性に優れ、かつ流域住民を含む社会的合意がある場合に限られるものとする」

として、「天ヶ瀬ダム(京都府宇治市)、川上ダム(三重県伊賀市)、大戸川ダム(滋賀県大津市)、丹生ダム(滋賀県余呉町)、余野川ダム(大阪府箕面市)を原則建設しない」とする提案を行った。委員会は、五つのダムを建設するよりは、淀川水系の堤防を嵩上げした方が良いと考えたのである。

地球温暖化に伴う海水面上昇は一〇〇年で六〇センチメートルと予想されている。海水面が六〇センチメートル上昇すると、東大阪もゼロメートル地帯に仲間入りする。地震防災の視点から言うと、次の東南海・南海地震によって大阪湾河口近くの堤防が決壊すると、東大阪一帯も長期間滞水し、排

水は困難で、復興は難航すると予想される。このような災害のリスクを減らすには、堤防を嵩上げし、強化することが必要である。

滋賀県の嘉田由紀子知事は「環境に対し劇薬とも言えるダムは治水対策の最後の手段」と述べている。今本博健（京都大学名誉教授）は「環境の破壊は緩慢な洪水だ」という。とはいえ、林野庁の場合は、林業経営の膨大な累積赤字という分かりやすい物差しが存在したので、事業の継続に固執する省庁のあり方の問題点も明白になった。河川行政の場合は、防災と環境が物差しなので、普通の住民には問題点が見えにくい。

この委員会には二人の異色の人材がいる。その一人が、京都大学防災研究所において河川工学の専門家として日本のダム造りを後押ししてきた今本博健（二〇〇四年から二〇〇七年まで委員長）である。今本博健は、二〇〇三年八月二七日の京都新聞「生態系の保全と回復まず優先」で次のように述べている。

川づくりは、あらゆる面で行き詰まっている。高度成長期以降の約三〇年間で、川は死んだようになってしまった。今はだれも川魚を食べようとしないし、子どもも川で遊ばない。環境の悪化は、動植物だけでなく、人も含めた生態系を脅かしている。

これまでの河川整備は明らかに間違っていた。今後は、生態系の保全と回復を、まず優先すべきだ。護岸や河床を人為的に加工したり、人の都合でダムや堰で水位や水量を制御することは避けねばならない。

極論すれば、川はほったらかしていたらいい。「川が川を創る」が原則だ。河道工事でも画一的に行うのではなく、川なりにどう蛇行したいのか見極め、水が流れたいようにしてあげなければならない。

もう一人の異色の人材は宮本博司である。彼は、もともと京都大学で土木工学を学び、建設省（現国土交通省）に入ってもっぱらダム建設に携わってきた。一九九〇年、岡山県奥津町の苫田ダム工事事務所長として赴任、住民の反対運動に面して、建設省への住民の不信感を体で感じるようになった。その後、長良川河口堰工事に携わり、一九九九年淀川河川工事事務所長となり、「淀川水系流域委員会」を立ち上げた。本省に戻った後、二〇〇五年に退官、京都に帰って家業を継いだ。二〇〇六年からは委員の立場で委員会に参加するようになった。

ダムの建設に一生をかけながら、自分自身の経験に基づき、考え方の枠組みを転回させた今本博健と宮本博司の人生に畏敬の念を抱くのは私だけではあるまい。

二〇〇七年、近畿地方整備局は、二〇〇〇年に一度の集中豪雨の時の琵琶湖の水位を一九センチメートル下げるため、総工費三八三〇億円で、余野川ダムを除く四つのダムを建設する計画を再び提案した。それにたいして、二〇〇八年四月、宮本博司を委員長とし、一部の委員を入れ替えて再出発した「淀川水系流域委員会」は、再び、四つのダムは不要との提言をまとめた。これに対し、六月、近畿地方整備局は「淀川水系流域委員会の意見は踏まえるが、ダム不要の結論は受け入れられない」と提言を無視することを明言し、「所轄部局起案型」の対策に固執する、一九九七年の河川法改正以前の姿勢に戻ってしまった。

十一月十一日、大阪府、京都府、滋賀県、三重県の知事は、大戸川ダムは反対、天ヶ瀬ダムと川上ダムは建設に同意、丹生ダムは意見を留保とする共同意見を発表した。四府県の合意事項として「地域のことは地域で決める」ことが重要であるとし、地方分権の試金石と位置つけた。

ダムを作らないと、短期的には、地球温暖化に伴う強い豪雨によってダム建設予定地に水災害が発生し、「淀川水系流域委員会」が非難の矢面に立たされる事態もあるかもしれない。しかし、ダムは環境に対する劇薬であるだけでなく、想定を越えた豪雨には水害を拡大する側面もある。長い目で見れば、委員会の提案は社会に容認されるようになっていくだろう。

『環境経済学の招待』（植田和弘、一九九八）では、環境アセスメントが機能しない原因として、

（一）環境アセスメントのための科学や技術それ自体が立ち後れていること、

（二）情報公開と住民参加が保証されていないこと、

（三）開発中止を含む代替案の検討がなされないこと、

の三点を挙げている。「淀川水系流域委員会」は、環境でも防災でも問題点はまったく変わらないことを明確にした。「淀川水系流域委員会」の審議方式をも含めた理念は、二一世紀の規範の一つとな

っていくのではないだろうか。

●「臨床の知とは何か」

一九八八年六月、福井市で、福井地震五〇周年のシンポジウムが開かれていた。会場に展示されている悲惨な被害写真のパネルを見ているうちに、私の頭のなかで何かが弾けた。それまでは、「地震予知などは科学ではない」と頑なに思っていたのだが、「地震学を志した以上、予知を通して、人々の苦しみを少しでも減らす努力をしなければ嘘だろう。予知が困難でも、研究成果を社会に生かせば、人々の苦しみを少しでも減らすことはできるはずだ」というように心の中が変わっていくのを感じた。一九九二年、中村雄二郎の『臨床の知とは何か』が出版された。それは、迷いから抜け出せないでいた私への福音であった。

中村雄二郎は、医学に関わってきた経験から言う。数学、物理、化学を中心とする科学は、二〇世紀において素晴らしい成果を挙げてきた。それは今後も科学の中心としての地位は揺らがないだろう。しかし、科学の発展と共に人々が幸せになるものと期待されていたが、予想に反して、必ずしもそのような方向には進んではいない。改めて身の周りを見ると、地球規模での環境破壊、次々とでてくる疫病、地球温暖化、大規模災害など、人々の苦しみは絶えることがない。我々を苦しめている環境破壊、疫病、地球温暖化などは、いずれも複雑きわまりない自然現象で、多くの要素が絡み合っており、「客観性」や「再現性」を基礎とする物理や化学の枠組みにこだわる限りは実証困難であることが多い。それを理由に、物理や化学を中心とする科学は、環境破壊、疫病、地球温暖化などの現実の困難に対して解答を出す努力をすることに消極的だったのではないだろうか。

私には、「理科離れ」の原因の一つは、目前の環境破壊、地球温暖化、大規模災害などに、積極的に解答を出そうとしない科学への、若い世代からの無意識のオブジェクションだと思えてならない。「臨床の知」の最後の段落で著者の痛恨の思いが述べられている。「これまで、科学的立場に立つと自称する医者たちが、客観主義や普遍主義の名のもとに、どんなに多くの場合に責任を回避してきたことだろうか。そのために失われた医者への信頼は少なくないのである。」

医者を、科学者と置き換えることができる。加速度的に増大する社会の脆弱性や、数十年後に予想される激甚な地震災害に対する解答を用意しようとする場合、客観主義や普遍主義の原則にこだわっていられないこともあり得る。「いまや、人間社会が持続することが科学の基準になった」のである。

アカデミズムの不作為ではないのか？

ここで述べてきた多くの困難な現実について、ほとんどの場合、所轄官庁は、「所轄部局起案型」の施策を用意している。たとえば、耕作放棄地について、農林水産省の農村振興局が二〇〇八年四月に発表した「今後の耕作放棄地対策の進め方について」などを読むと、「部分」としてはよく考えられていると感嘆することも多い。密集市街地に対しては二〇〇六年に「密集市街地防災街区整備促進法」を改正するなどの手を打っている。

しかし、日本の現実は、「部分」としての「所轄部局立案型」の施策が立案されても、「全体」として施策が生きる社会的基盤がないので、施策は社会全体のものとはならず、人々の幸せにあまり寄与していないことを示している。

『科学革命の構造』（トーマス・クーン、中山茂訳、一九七一）によると、科学における「パラダイム」とは、考え方の基本的枠組みである。物理学のパラダイムは、「ニュートンの力学」「量子力学」「相対性理論」と言うことができよう。地震学のパラダイムは「地震＝断層説」と「プレートテクトニクス」である。

パラダイムが存在することによって、科学者は思いきって特定の狭い個別的研究課題にのみ集中することができる。科学者がどのような研究課題に取り組むかは、科学者の知的好奇心にのみ委ねられており、多くの場合、その好奇心は、パラダイムの未熟な部分の改良や精度の向上などに向けられるが、このような研究によって得られた個別的成果を総合することによって全体として大きな進歩をもたらすことを可能にするのがパラダイムの力であり、そのようにして偉大な進歩を成し遂げてきたのが二〇世紀の科学である。

二〇世紀における科学の進歩は余りにも大きかったので、科学の方法論は、社会科学、人文科学などあらゆる学問に浸透していき、「それぞれの学問分野が独自のパラダイムを持って自律的に発展し、そのことによって学問は全体として発展し、人々の幸せに貢献するようになる」という「パラダイムのパラダイム」が成立するようになった。それは、二〇世紀の後半には有効なパラダイムであった。大学で教育を受けた人たちが行政やジャーナリズムの世界に入っていき、「パラダイムのパラダイム」はアカデミズム以外のあらゆる場所に浸透するようになった。

とはいえ、二〇世紀末から、科学研究は、あまりにも狭い個別的領域に入り込んでしまった。科学は緻密化、巨大化し、予測されるような観測結果を生み出すような装置のみが作られ、かえって科学そのものとしてのパラダイムの転回が困難となり、人々の幸せとも縁遠いものとなってしまった。自然科学を含めて、学問は、明らかに、現実の人間社会に生じている様々な困難に対する解決策を準備できず、「臨床の知」とはなり得ていない。アカデミズムも、「所轄部局立案型」と同じ構造を有していると言えるかもしれない。

日本のアカデミズムを代表する組織として、第二次世界大戦後まもなく設置された総理大臣直轄の「日本学術会議」がある。二〇〇一年には、中央省庁の再編と共に、多くの審議会が再編され、文部科学省所轄に「科学技術・学術審議会」、内閣府に「総合科学技術会議」が設置された。それは大学や学会の専門性の壁を乗り越えた議論を行い、先進性を示してくれるはずであった。

二〇〇五年、日本学術会議は、「安全で安心な世界と社会の構築に向けて」と題する報告を出した。二〇〇六年、科学技術・学術審議会は「安全・安心科学技術に関する研究開発の推進方策について」を出した。明らかになったことは、アカデミズムが「現実」に立ち後れているという事実だったのではないだろうか。

むしろ、総合大学の枠組みこそ、「パラダイムのパラダイム」という学問のあり方を変えることが期待されているのではないかと思えてならない。たとえば、京都大学の教育の理念では、「地球社会の調和ある共存」が繰り返し述べられており、東京大学の教育の理念でも、「研究が人類の平和と福祉の発展に資するべきものであることを認識し、研究の方法および内容をたえず自省する」と書かれている。

大学の枠組みで必要なのは、経済、法律、農学、工学、環境、防災などの分野の共同作業によって、「格差」「環境」「農」「防災」などを一つの枠組みの中で実効的に研究をする「知」の融合であろう。

そのような融合の必要性は古くから唱えられ、既に多くの試みがなされているが、分野別の「知の並置」から先には進みかねて苦悶しているのが現状だと認識しているといえば言い過ぎであろうか。たとえば、人文系や社会科学系の学問と地震学や防災科学との知の融合はほとんど無い。原因は、人文系や社会科学系の人々にとって、地震や災害が単に一過性の流行病のようしか見えず、そのようなことは専門家に任せておけばよいと思うからであろう。人文系や社会科学系の人々は、地震学や防災科学側の我々が、東南海・南海地震や東京直下型地震による災害が、一〇〇〇年以上にわたって培われてきた日本の社会と文化の基盤を大きく傷付けかねないと危惧していることを理解すべきであろう。

「並置」から先に進むには、自然科学の研究者が、おのれの専門性に絡めながら、社会科学にずかずかと踏み込んで発信し、社会科学の研究者が自然科学の問題に踏み込んで発信する試みが数多くなることが必要であろう。益川敏英は、「科学者にも一市民としての行動が求められる。科学的な専門知識を生かし、知り得た事実から危険と感じた場合には情報発信していくべき。いわば「翻訳者」の役割だ」と述べている（京都新聞二〇〇六年一二月二八日号）。他分野のことに口出しするには力不足だと逡巡していては先には進めない。とはいえ、ほとんどの研究者は、自分の領域に専念し、他の領域には口を出さないことが誠実な態度だという教育を受けてきており、「パラダイムのパラダイム」を乗り越えて発信するという行動まで進むことはむつかしい。

知の融合こそが重要だと言っても、科学や技術はもう十分なので、個別的分野の専門的研究は必要でないという意味ではない。各分野における研究成果は、貧弱な研究環境のもとで研究者の必死の努力で達成されてきたものである。OECD先進諸国の中では、日本の研究教育予算が少なく、大学の研究環境が劣悪なことは広く知れ渡っている通りである。各専門分野の振興ですら、欧米先進国に比べて十分でない。前述のように、『環境経済学の招待』（植田和弘、一九九八）でも、「環境アセスメントのための科学や技術それ自体が立ち後れている」ことを、環境アセスメントが機能しない原因の一つとしてあげている。このことは、防災を含めたすべての学問分野に当てはまる。防災についての科学や技術自体も立ち後れており、解決すべき課題は多い。

分野はまったく異なるが、『「農」をどう捉えるか』（原洋之介、二〇〇六）には、「明治後期に柳田（國男——引用者）が問題提起して以来すでに一世紀が過ぎたが、残念ながらその『中農養成』という政策目標は実現されていない。何故か。単に、明治以降現在まで、政府の採ってきた政策が愚劣だったためであろうか。そうではないとはけっしていいきれないが、農家と市場経済との関わりを捉える農業経済学の方法に大きな欠陥があったことも間違いない。そういう反省も込めて市場経済への農家の関わりについてあらためて考えなおすべきなのではなかろうか。」と述べられている。この例は、各専門分野における見かけ上の発展（数多くの論文や報告書）にも関わらず、本質的な問題が先送りにされ続けており、学問自体が責任を負わなければならない場合が少なくないことを示しているように思われる。「学問的成果を取り入れない政治と行政が悪い」という一方的関係でないことも確かであろう。

結局、専門分野と呼ばれるおのれの持ち場において最善を尽くしながらも、そこを出撃基地にして全体に向かって何が発信できるかを考え続ける二正面作戦が重要ということであろう。

地球温暖化に関しては、アカデミズムから全体に向かって発信する多くの試みが行われているように思われる。人間社会が持続するか否かが愁眉の課題として見えてきたからであろう。地震学も、防災学も、環境科学も、経済学も、企業活動も、「人間社会を持続させる」ことを目的とする営みであることを再認識したい。

第八章で、「労働者の生活が確保されない、法が想定してしないような雇用」をしている大企業の利潤に対して「非正規雇用税」を課す提案を行った。実は、そのような雇用をしているのは大学も例外ではない。大学は利潤を上げるための組織ではないが、社会の規範としての存在であることは間違いない。大学には自ら考えるべき課題が多く存在する。

二〇〇一年九月二八日、東京地裁は、「血液製剤を回収すれば多くの患者のエイズでの死亡は防げたのに、漫然と放置した不作為は業務上過失致死に当たる」として、元厚生官僚に有罪判決を下した。二〇〇八年三月、最高裁はそれを追認する判決を下し、責任ある者の不作為は犯罪であることが司法の場で確定した。

繰り返すが、格差の拡大、大都市のみに資源を集中投下させるような政治と行政の舵取り、それに起因する加速度的に増大する社会の脆弱性、弱まる社会の災害レジリアンス、「列島規模の人口の墓場化」など、アカデミズムが看過してよい問題ではない。大学が中核となっているアカデミズムの「知」を結集して現実の人々の苦しみを解決しようという営為に欠けていれば、数十年後、環境破壊、地球温暖化、巨大地震で苦しんでいる次の世代、次の次の世代からは、大学やアカデミズムの不作為として指弾されないだろうかと恐れる。

縄文時代の遺跡から発掘される丸木舟には、真っ直ぐで節のない杉が多い。それは、木を間引いたり、絡んだ蔦を切り取ったり、枝打ちをしたり、自分たちの世代には役に立たない、次の世代や次の次の世代のための仕事を、縄文時代の人々ですらやっていたからである（『この国のすがたを歴史に読む』網野善彦・森浩一、二〇〇〇）。私たちの世代にできないはずはない。

附章

学問と社会——京都大学らしさとは？

京都大学時計台。

京都大学病

二〇〇八年一〇月八日の新聞各社の朝刊第一面に、南部陽一郎（シカゴ大学）、小林誠（高エネルギー加速器研究所）、益川敏英（京都大学、京都産業大学）のノーベル物理学賞受賞の大見出しが踊った。その日、午後三時から京都大学理学部の大講義室で「益川先生、ノーベル賞を語る」学生対話集会が予定されており、午後のキャンパスは歩くのも不自由なくらいに、それを聞きに行こうとする学生であふれていた。小林誠も若い頃に在籍したことがあり、京都大学にとっても大変うれしいニュースであった。九日には、下村脩（ウッヅホール海洋学研究所）のノーベル化学賞のニュースが一面に踊った。オワンクラゲは一躍知名度を上げた。連日、日本中が興奮させられた。

ノーベル賞のニュースは、改めて私に「京都大学らしさ」とは何かを考えさせた。京都大学らしい研究者とはどのような研究者なのであろうか？　京都大学には世界的に優れた研究者が多く、内部で多くの議論が行われている。京都大学での生活が長くない私のような者が口を挟むのはおこがましいが、逆に、私のように未だに半歩離れて京都大学を見ている者からの意見には何がしかの意味もあるような気もするので、恐れを知らずに書いておきたい。とは言いながら、京都大学らしさは簡単に定義できる事柄でもないし、体系的に言える事柄でも無いことは分かっている。多様な視点を述べる以上のことは出来そうもない。

それにしても、他大学から移ってきたときに感じたことは、「ノーベル賞をもらっているのほとんど京都大学や」という発言で議論（と思考）が停止してしまうことを主症状とする京都大学病に陥っているのではないかということであった。それでも問うと、京都大学の多くの人が、京都大学らしさの核心は「自由の学風」だという。「自由の学風」という言葉には歴史の重みがあり、私は、一九六〇年前後、中学生や高校生の頃から、限りない尊敬とあこがれの念をいだき続けてきた。一九三三年滝川事件から二〇数年後、一九六〇年前後には、まだ、「自由の学風」という言葉には熱気がこもっていた。問題は、この半世紀の間に、京都大学において、「自由の学風」という言葉に、どのような熱い血が付け加えられてきたかであろう。それについてもあまり聞かない。京都大学に生きている私たちには、今、京都大学らしさに絡めて、総括的な学問論が問われているのかもしれない。

心に暖める京都大学らしさ

では、京都大学らしさとはオリジナリティのことなのだろうか？ originality を日本語に訳すと「独創性」である。日常会話の言葉としては、「斬新さ」「奇抜さ」である。

しかしながら、京都大学らしさには、オリジナリティとオーバーラップしながら、オリジナリティの枠組みに入りきらない別の要素があり、それが、「論文生産性や被引用度などで東京大学に多少は遅れをとっているにもかかわらず、ノーベル賞受賞が多い」事実に関わっているような気がするのである。それが何かを考えるために、まず、京都大学らしい学者の例を挙げてみよう。もちろん、数多くの素晴らしい先達がいたことは言うまでもないが、ここでは、滝川幸辰（一八九一―一九六二）、今西錦司（一九〇二―一九九二）、湯川秀樹（一九〇七―一九八一）の名前を挙げたい。

滝川幸辰は、刑法を専門とする法律学者であった。「厳罰をもって犯罪防止をはかるよりも、犯罪が起こる背景を考えるべきだ」とする考えが危険思想として批判され、時の政府から辞職を要求されるようになった。多くの大学人と学生が滝川幸辰を支援する戦いに立ち上がったが、一九三三年（昭和八年）、法学部教官の過半の辞任という敗北で終わった。これは「滝川事件」と呼ばれている。終戦後の一九四六年、滝川幸辰は法学部教授に復職、一九五三年から一九五七年まで、京都大学総長を務めた（『滝川幸辰』伊藤孝夫、二〇〇三）。「労働者の生活が確保されてはじめて雇用は完結する」という考え方は京都大学の歴史の延長上にあるといえよう。

今西錦司が先頭に立って展開してきたサル学は京都大学らしい研究の典型であろう。今西錦司は、「家族の起源は何か？　人間社会の起源は何か？」という課題にとりつかれ、仲間と共にサル学の研究に半生を費やし、日本のサル学を世界に類の無いものにした（『サル学の現在』、立花隆、一九九一）。

それは、京都大学霊長類研究所の基礎となった。

あまりも有名だが、湯川秀樹は、一九三四年中間子理論を発表、一九四九年ノーベル賞に輝いた。それは、戦争の打撃から復興途上にあった日本人を大いに励ました。

湯川秀樹のほか、ノーベル賞を受賞した京都大学の研究者として、一九八一年の化学賞を受賞した福井謙一（一九一八―一九八八）、二〇〇八年の物理学賞を受賞した益川敏英がいる。ノーベル賞を受賞した京都大学出身者は、一九六五年物理学賞の朝永振一郎（東京教育大学、一九〇六―一九七九）、一九八七年医学・生理学賞の利根川進（マサチューセッツ工科大学）、二〇〇一年化学賞の野依良治（名古屋大学、現在理化学研究所）である。

二〇世紀の後半になって、研究成果が論文として公表されてからノーベル賞受賞までの期間が長くなったことが新聞をにぎわせている。福井謙一の場合は三〇年、南部陽一郎は四八年、下村脩は四七年、益川敏英や小林誠は三五年である。平均でおよそ二〇年とされている。その原因は次の三点であろう。

（一）実験的・データ的証明を必要条件としている。

（二）その実験的・データ的証明までに長い年月がかかるようになった。

（三）ノーベル賞財団の哲学として、「最初に火をつけた人」にまで遡る。

特に、（三）の「最初に火をつけた人」に遡るという哲学が、論文生産性で東京大学にいささか遅れをとっているにもかかわらず、京都大学にノーベル賞受賞者を多くした要因ではないだろうか。

大学全体として論文生産性や被引用度などで東京大学に多少の遅れをとってもいいのではないか。それより、私には、京都大学としては、「最初に火をつける人」を増やすために重要な要素は何かを考えることこそが大切なのではないのかと思えてならない。

ここまでに名前を挙げた研究者の共通の要素を抽出して、「京都大学らしい研究」を、ひとまず、

(一) 社会や学問の発展に本質的に意義のある、

(二) 進取の気性や先見の明に満ちた、

(三) ユニークな研究、

と思い切って単純に表現してしまいたい。あまりにも当たり前であるが、自分の研究を通して、社会や学問の発展にどのように本質的に貢献したいのかを絶え間なく問い直す営みがとりわけ重要である。それが、京都大学らしさと「井戸の中の蛙」を区別する。その意味で、「(一) 社会や学問の発展に本質的に意義のある」は不可欠である。

ユニークな研究

中でも「ユニーク」が京都大学らしさの核心ではないだろうか。unique を英和辞書で引くと、「唯一の、独特の、無比の」と出ている。私は単純なので、簡明に、「アメリカやヨーロッパの第一線の研究に食い込み、そこで対等に戦うのが東京大学らしさ」、「アメリカやヨーロッパの第一線の素晴らしい研究者達がまだやってない研究は何かと考え、そのような研究をすることを通して、彼らに一目置かせるのが京都大学らしさ」ではないかと思ってきた。もちろん、この二つが、それほどかけ離れている訳ではない。

別の表現をすると、「欧米の先端の研究者もまだやっていない（やっているとしても少数の）研究をすること」、あるいは、「欧米の最先端の研究のキャッチアップ（追いかけ）研究はしない」ことが「科学におけるユニーク」だという言い方も出来るかもしれない。

第八章でも述べたように、『ライシャワーの日本史』の中では、「日本文化と中国文明の距離」は「北ヨーロッパの国々の文化と地中海文明の距離」よりずっと大きく、日本は独特の生活様式と独創的な文化を創り出したと述べられている。圧倒的な力を持つ中心文明からの距離を独創性の物差しとする彼の考え方は、「アメリカやヨーロッパの第一線の研究者達がやってない研究をすることを通して彼らに一目置かせる」という考え方を明確にするのに大いに役に立った。

科学とは普遍的なもので、ユニークは成り立ち得ないという考えもある。特に物理学や化学などの分野ではユニークは成り立ちにくそうに見える。しかし、実際には、物理学ですらユニークは成り立った。二〇世紀のはじめ、ヨーロッパで量子力学が誕生し急激な成長を見せたとき、東京大学の物理学者達はあまり関心を示さなかったが、そこからはみ出した関西の研究者達は量子力学を積極的に受け入れた。その中から、湯川秀樹、朝永振一郎、坂田昌一（一九一一―一九七〇）などの優れた素粒子物理学者が輩出した。新設された大阪市立大学の物理学教室に一九四九年から渡米するまでの三年間を過ごした南部陽一郎も、そのような空気に刺激を受けて研究を進めた。その後にも、益川敏英らの業績など、関西で素粒子物理学の多くの重要な発見があったことは言うまでもない。ユニークは物理学でもあり得たと言えよう。もちろん、ユニークも、オリジナリティも、最初に火をつける人も、大きく互いにオーバーラップしていることは言うまでもない。

二〇〇七年一一月、京都大学再生医科学研究所の山中伸弥によるヒト・iPS細胞（人工万能細胞）のニュースが流れたとき、私はうれしさが込み上がる思いがした。常識とされていた胚細胞から万能細胞を作る戦術ではなく、四つの遺伝子を導入するだけで、普通の細胞から分化機能を持つ万能細胞を作ったのである。嬉しかったのは、世界の圧倒的多数とは異なる少数派の道を通って重要な発見に至った、京都大学らしい研究だと思ったからである。

次にオリジナリティをもたらしてくれるものを考えてみよう。分野によって大いに異なるが、それは、「新しい観測装置を作る」、「高度なデータ解析方法を開発する」、「観測困難地域に出かける」、「卓抜な着想力あるいは異端の発想」のうちのどれかだと言えるだろう。

ノーベル賞は、しばしば、実験的証明や観測的証明をした研究者に与えられる。CTスキャン（コンピュータ断層撮影装置。イギリスのゴドフリー・ハウンズフィールドとアメリカ合衆国のアラン・コーマックが一九七九年に受賞）、MRI（磁気共鳴画像装置。アメリカ合衆国のポール・ラウターバーとイギリスのピーター・マンスフィールドが二〇〇三年に受賞）など、テクノロジーそのものに与えられることもある。日本人では、一九八五年に特許申請された「レーザーイオン化質量分析計用試料作成方法」によって民間人である田中耕一が二〇〇二年に受賞した。それは、新しいパラダイムの展開のためにはテクノロジーの進展が不可欠であったという歴史を認識しているからであろう。

ここでは、「新しい観測装置を作る」ことを通して重要な貢献を行った例を上げてみよう。もちろん、「新しい観測装置を作る」と言っても、大学が溶鉱炉を持っているわけではないので、ゼロから作ることは出来ない。基本設計図を書き、民間企業の技術者と組んで詳細設計を仕上げ、製作を依頼する。典型的な例は「スーパー・カミオカンデ」であろう。それは、神岡鉱山（岐阜県飛騨市）の入り口から水平距離二キロメートルのトンネルの奥にあり、行くときには坑口から電動ジープに乗る。一五万年前、マゼラン雲の中で起こった超新星爆発によって放出された素粒子ニュートリノが、一九八七年二月二三日、地球に到達した。スーパー・カミオカンデは、このニュートリノを検出することに成功して、一貫してプロジェクトを推進してきた小柴昌俊（東京大学）は二〇〇二年ノーベル物理学賞を受賞した（『ニュートリノ物理学入門』、小柴昌俊、二〇〇二）。

ノーベル賞の対象分野ではないが、京都大学の宇治キャンパスで言うならば、生存圏研究所の深尾昌一郎が中心になって発展させてきた地球大気観測用大型レーダー「MUレーダー」がその例であろう。滋賀県甲賀市信楽町に、直径ほぼ一〇〇mの円内に四七五本の八木アンテナが並べられ、周波数四六・五メガヘルツの周波数帯で、対流圏、成層圏、電離圏のレーダー観測が行われ、地球大気変動の研究にユニークで大きな貢献をしている。

秋葉原で民生品を買ってきて、実験室で必要なものを自分で組み立てながら、研究を進展させたのが、日本が世界に誇る海底地震計である。一九七〇年代、私の恩師の一人である浅田敏（一九一九—二〇〇三）と、島村英紀（東京大学、北海道大学）、金沢敏彦（東京大学）達のグループが、それこそ本当に秋葉原で部品を買い集め、東京大学内の研究室で自らハンダつけをしながら組み立てた。当初は、ほとんど、三人と大学院生達の手仕事であった。一〇台程度の自己浮上型海底地震計を日本からハワイの間の西太平洋の深さ五〇〇〇mの深海底に展開し、多くの先駆的な成果を挙げてきた。あれから三〇年経ち、最近では、東京大学地震研究所や海洋研究開発機構（神奈川県横須賀市）を中心に、数百台規模の海底地震計を臨時に展開するプロジェクトが実行するほどまでに発展した。

科学の進歩を妨げるもの

では、科学の進歩を妨げるものは何だろうか。一九六〇年代から世界の地球科学をリードし続けてきたドン・アンダーソン（カリフォルニア工科大学）は、一九九九年一二月のアメリカ地球物理学連合年会のグーテンベルグ記念講演の中で、サイエンスの進歩を妨げているものは、

（一）dogma（ドグマ、定説）
（二）authority（オーソリティ、権威）
（三）conventional wisdom

だと述べた。conventional wisdom を日本語にするのは難しいが、「伝統的分別」とでも訳せばいいだろう。

抽象的に言っても分かりにくいので具体的事例を挙げると、「はるか宇宙から意味のある電波など来るわけがない」というのが「伝統的分別」、それを乗り越え、一九六七年、ついにパルサーを見つけたのが、一九七四年ノーベル物理学賞を受賞したアントニー・ヒューイッシュ（ケンブリッジ大学）である。「自己増殖する蛋白質などあるわけがない」と言うのが「伝統的分別」、学界の猛烈な批判を乗り越えて一九八二年にプリオンを発見、一九九七年ノーベル賞を受賞したのがスタンレー・ブルジ

ナー（カリフォルニア大学）である。多くの学識を持っている人ほど感染しやすく、感染したことに気付きにくいのが「伝統的分別」と言える。ある意味で理性に基づいているだけに、逆にやっかいなのである。

では一体、どのような場合に、「伝統的分別」は乗り越えられるのだろうか？　トーマス・クーンの『科学革命の構造』を引用しながら、『背信の科学者たち』（ブロードとウエード、牧野賢治訳、化学同人、一九八八）の著者達は次のように述べている。

トーマス・クーンは科学における論理と実験の重要性を否定しなかった。しかし、彼は非合理的な要因もまた重要であり、特に一つのパラダイムから別のパラダイムへの苦痛を伴う変換期においては、科学における信念には宗教的な信念にも似た要素があることを主張したのである。

宗教的信念に似た要素の一つは、特殊な少数の観測事実、あるいは無視されている少数の観測事実を説明するためには、「学界の定説・常識は間違っている」、あるいは、「学界の定説・常識では起こるはずが無い自然現象が現実に起こっている」というような信念であろう。多くの場合、このような信念は「思い込み」とか「非科学的」と呼ばれ、極端な場合には「狂気」とも呼ばれる。逆に言うと、「現在の知識体系では説明できない少数の観測事実に気がつく」こと、あるいはそのような少数の観測事実へのこだわりが重要だと言える。京都大学らしさは、論文生産性はそれとして、「伝統的分別」を捨てようとする若手研究者に他大学以上に寛容な場でありたい。

第九章で述べたように、日本各地の元気のよい多くの地域を紹介している『地域の力』（大江正章、二〇〇八）は、「活気のある地域には、Iターン（よそ者）とUターン（出戻り）が多い」と指摘している。京都大学でも、Iターン（他大学出身の教員）とUターン（京都大学出身だが、他の機関でしばらく働いた後、京都大学に戻ってきた教員）が京都大学の魅力を全国に伝えている例は多い。

研究成果の発信

二〇〇四年四月四日、朝日新聞に興味深い記事が出た。日本の研究者は、多くの場合、日本の税金から出る研究費を使って研究する。その成果を世界に問い、プライオリティ（第一発見者である名誉）を確保し、評価されたいと思うのは自然な人情である。その結果、多くの自然科学の研究者が、アメリカやヨーロッパの学術雑誌に論文を投稿することになってしまう。ところが、アメリカをはじめ海外では、著作権は、雑誌を出している学会や出版社に譲り渡すことになっている。つまり、日本の税金で行った研究成果の著作権という知的財産の多くが、外国の学会や出版社の所有物になってしまっているのである。

少数なら問題はない。世界との交流と言うべきであろう。しかし、記事によると、二〇〇〇年一年間に日本人が書いた論文数は七万一〇〇〇編、このうち八〇%の五万六〇〇〇編が、海外の学術誌に投稿されたと言う。「アメリカやヨーロッパで第一線の研究に食い込み、そこで彼らと対等に戦う」のを理想としていれば、当然、アメリカやヨーロッパの学術誌に自分の成果を投稿したいと思うだろう。しかし、常に世界のライバルを意識しながら、日本の学術誌に投稿しながらも、彼らに一目置かせる研究成果を発信し続けたいものである。

アメリカやヨーロッパの最先端の研究者もやっていない、「伝統的分別」から逸脱した論文を学術誌に投稿すると、査読によって却下される確率が高い。事実、湯川秀樹も、当初は日本でもアメリカやヨーロッパでもほとんど注目されなかった。一九三七年、中間子の論文を『ネイチャー』に投稿したが却下された(『科学朝日』一九八五年四月号)。

前述の朝日新聞の記事によると、野依良治(二〇〇一年ノーベル化学賞)は、ノーベル賞の端緒となった最初の論文はアメリカ化学会論文誌に投稿したが、却下され、日本国内で編集している英語雑誌に投稿、公表された。野依は、「学術的価値はその国の文化的背景に大きく左右されます。欧米審査委員が日本の萌芽的な研究を充分に理解してくれない場合もある。日本の研究者が欧米の論文誌で勝負するのは、ずっとアウェーで闘うことで、不利は否めません。欧米人に気に入られている論文ばかり書いていると、思考プロセスまで日本人の独自性が失われないかと気がかりです」と述べている。

京都大学の研究者として、世界の最先端の研究者と異なる、「伝統的分別」から逸脱した研究をしていると、湯川秀樹や野依良治が経験してきたように、論文は却下されるリスクが大きくなり、論文生産性と引用度数の物差しでは東京大学に追いつけなくなるかも知れない。だが少数の思い切った新しい研究成果が生まれ、その中からこそ新たなノーベル賞にふさわしい研究も出るかもしれない。それこそ京都大学の伝統らしい。「アメリカやヨーロッパで第一線の研究に食い込み、そこで彼らと対等に戦え」れば、それだけで十分に素晴らしいことだが、そこから逸れる道筋を許容する余裕がなければ「第二の東京大学」からは抜け出せない。

専門家でない人のために述べておくと、自然科学の分野における研究成果が投稿される学術雑誌は主として三種類に分けられる。欧米諸国で出版される英語の学術雑誌、日本国内で出版される英語の学術雑誌、同じく日本語の学術雑誌である。英語が科学の世界の共通語の位置を占めつつあることもあり、英語以外の外国語の学術雑誌に投稿される論文は例外である。

自然科学の論文は、基本的には英語で書かれる。それには二つの理由がある。一つは、自然科学には国境が無いので、世界の誰にでも分かるようにしておかないと汗を流した甲斐が無いからである。もう一つの理由は、日本語で書くと外国人には分からないので、外国人にはアンフェアーに映るからである。ただし、狭い専門分野のコミュニティだけでなく、国内で広く他分野の研究者にも読んでほしいときなどには、日本語でも書かれる。

結局、改めて表現し直すと、「京都大学らしさ」とは、

（一）本質的な意義を追求する、

（二）「伝統的分別」からの逸脱へ寛容で、着想の意外性が尊ばれる、

（三）日本発信型研究の研究を目指す、

学問的「場」でなくてはなるまい。まだまだ大事な要素が漏れているとは思うのだが、これが、私が心に暖めている「京都大学らしさ」である。地球科学の近隣科学の分野で言うと、太陽系形成論の林忠四郎、宇宙論の佐藤文隆などの京都大学の研究者がこれに当てはまる。

ポスドク修業

断っておくが、私は、自分自身の体験から、若手には、博士の学位を取った後は、アメリカかヨーロッパにポスドク修行に行くことを強く勧めている。アメリカに行くことは、「アメリカの最先端の研究者もやっていない日本発信型の研究」を目指すことと矛盾するように見えるが、そうではない。アメリカに行くことは、今まで居た「井戸の中」から引き離してくれる。アメリカで第一線の研究現

場を見ることは大変な刺激になるだろう。その素晴らしい研究の一翼を担いたいと思うかもしれない。それも良し。それは、若手研究者のポテンシャルを大きく引き上げてくれる。のちに、日本発信型研究の基礎となるだろう。逆に、「この素晴らしい研究者達がまだやってないことは何か？」と考えるかもしれない。それこそ、京都大学らしい日本発信型研究の第一歩となるであろう。ともかく、素晴らしい敵を充分に知ることが大事だ。

私は、一九七九年夏から一九八〇年夏まで、アメリカ合衆国の東海岸の古都ボストン（マサチュセッツ州）にあるマサチュセッツ工科大学の安芸敬一（一九三〇—二〇〇五）に招かれ、家族と共に素晴らしい一年を過ごした。安芸敬一は、一九六六年東京大学地震研究所からマサチュセッツ工科大学に移り、さらに南カルフォルニア大学に移り、世界の地震学を終始リードしてきた。二〇〇四年には、アメリカ地球物理連合のもっとも栄誉あるボーウィ・メダルを受賞した。

一九八四年秋から一九八五年夏まで、今度は、コロラド大学のカール・キスリンガーに招かれ、アメリカきっての美しい大学町ボールダー（コロラド州）で、再び、家族と共に楽しい一年を過ごした。カール・キスリンガーは、ユネスコの仕事で日本に二年間滞在した経験のある大の親日家で、多くの重要な研究を行ってきた。これらの素晴らしい研究者やその周辺の人々とともにアメリカで過ごした二年は、自分をもっとも燃焼させた二年だった。

また、欧米に渡って、東京大学らしさ、京都大学らしさを越えて、世界の最前線そのものになってしまった研究者も多くいることも重要である。南部陽一郎や利根川進などである。地震学の世界で言えば、安芸敬一や、二〇〇七年京都賞を受賞した金森博雄（東京大学からカリフォルニア工科大学）などがいる。

益川敏英は英会話が大嫌いで、ノーベル賞授賞式への旅が始めての外国旅行であると新聞は報じた。もちろん、卓抜したアイデアがあれば、外国に行く必要もない。ただ、ポスドク修業が個人としての研究能力を大きく引き伸ばしてくれることは確かである。外国生活が楽しいことも確かである。私は、古都ボストンをはじめとして、ニューイングランド、コロラド、ワイオミング、ユタ、カリフォルニア、テキサスなどの大自然を大いに楽しんだ。

指導教官と違う道

最初に火を付ける人はどこから生まれるのだろうか。トーマス・クーンは、『科学革命の構造』の中で、「新しいパラダイムをもたらしてきたのは、常に、非常に若い研究者か、他の分野から参入してきた研究者だ」と述べている。

私の大学院生時代（一九七〇年代前半）は、東京大学理学部の地球物理学教室地震学講座で過ごした。

講座は、前述のように海底地震計開発の先頭にたった浅田敏と、私の直接の指導教官だった佐藤良輔に委ねられていた。

修士論文の課題は恩師の示唆であった。最初はその意義がよく分からなかった。地震学を知るに連れて、恩師からは大変な課題を与えられたことが理解できるようになった。当初、多少の論文も読んで、私なりにやりたいと思ったテーマもあったが、あとから考えてみると、それは小さなコップに過ぎなかった。いまは、地震学にとって本質的な研究課題を与えてもらった恩師に感謝の念にたえない。修士論文は、当然ながら恩師との共著の論文として学会誌に出された。

その後は、自由気ままにやってきた。自由気ままと言うよりは、大きな意味では共通の目的を持ちながらも、狭い意味では、指導教官とは違う道を歩みたいと苦闘していたと言う方が正確かもしれない。そのためか、博士課程の三年間に書いた二編の論文は、恩師との共著ではない。いずれの場合も、当然であると思って恩師との共著のスタイルで論文草稿を準備したが、「それは、君が自分のアイデアに基づき自力でやったので、自分の名前で出しなさい」と言われた。もっとも、余りにも下手な英文に愛想をつかされてしまったのかもしれない。しかし、研究の節目には、不定期に、三〇分程の時間をとってもらい、助手（今の助教）や同世代の大学院生と共に、黒板の回りで、研究の途中経過を聞いてもらい、議論してもらった。ともあれ、当時の地震学講座も、地球物理学教室も、周りは当然のように「大学院生の自由気まま」を許した。このような自由さは、京都大学であろうが、東京大学であろうが、多くの国立大学で変わりはない。したがって、「自由の学風」と言っても、自由に研究テーマが選べるという以上のことを明示しなければ意味がない。

マサチュセッツ工科大学で過ごした一九七九年夏から一九八〇年夏まで一年間の研究成果を論文にまとめたとき、安芸敬一からも、「あなたがほとんど自力でやったので、あなたの名前だけで出しなさい」と言われた。著名な安芸敬一との共著の論文の方がよく読まれるに違いないと思うと残念だったが、その言葉に従った。

あれから三〇年が経った。あらゆる学問が驚くべき狭さで専門化、高度化し、現在では、学部の四回生や新米の大学院生が、それぞれの学問分野にとって本質的な研究課題に思い至るのは至難というべきであろう。博士課程の大学院生といえども、独力でオリジナリティのある研究を遂行するのは困難になってきた。私の世代が味わった自由気ままさは、今では贅沢と言えるのかもしれない。とはいえ、広い意味では目的を共有しながらも、博士課程の大学院生や若手研究者が指導教官とは違う道、指導教官から「それは君が自分でやったんだから、自分の名前だけ論文を書きなさい」と言ってもらえるような自立の道を模索することを励ます空気が「自由の学風」の主要な要素でなくて何であろうかと私は思うのである。ただし、優れた指導教官から自立した研究を目指しているとなかなか論文も書けず、研究者として干上がる（研究費がこない、昇進できない）リスクが大きいことも覚悟する必要はある。

若手研究者が経験豊かな優れた指導者と組んで研究をすると、論文生産性や被引用度というような物差しでは業績を伸ばせることは明白である。そのようなやり方で成長する若手も多いかもしれない。しかし、指導者が設定した枠組みから大きくはずれて「最初に火をつけた人」になれる可能性は小さくなる。湯川秀樹二七歳の時の中間子の論文（一九三四）も、益川敏英三三歳、小林誠二九歳との時の論文（一九七三）も、経験豊かな指導者との共著の論文ではなく、彼ら自身だけの論文だったのである。京都大学は、博士課程の大学院生やポスドクや助教が、指導教官から自立して自分自身の問題意識で戦うことを励まし、指導者と異なる道を模索する大事にする空気に満ちた大学であってほしいと改めて思わずにはいられない。「成果主義」（論文の数が多いこと）の圧力のもとで、そのような空気が薄れつつあるような気がするのだが、私の気のせいであってほしい。

私は、自分自身が力不足の割には、世界的に優れた研究をしている尊敬すべき友人を数多く持っているのが自慢である。たとえば、イエール大学（アメリカ合衆国コネティカット州）の唐戸俊一郎は室内岩石実験の名人で、そこからマントルやコアのダイナミクスに関する意外性に満ちた数々のすばらしい研究成果を送り出し、一九九九年、日本学士院賞を受賞した。その彼ですら、東京大学海洋研究所に在籍していた若い頃は、文部省科学研究費補助金は一度しか当たらなかった。これは、優れた指導者から自立した、「伝統的分別」を乗り越えて行く道を目指しながら、科学研究費も当たらないで苦闘している若手研究者へのエールとなるかもしれない。

他分野から参入して新たなパラダイムをもたらしたもっとも顕著な事例としては、分子分光学から天文学に参入した研究者が大きな役割を果たした電波天文学などがある。

私が、「格差」「環境」「農」「防災」などを一つの枠組みの中で実効的に研究をしようという文脈の中で、あえて京都大学らしさに言及する理由は多くある。「厳罰をもって犯罪防止をはかるよりも、犯罪が起こる背景を考えるべきだ」とした滝川幸辰や河上肇（一八七九―一九四六）などを生み出してきた伝統だと思うのも理由の一つである。温暖化や金融危機の時代にあって、他分野と異文化交流し、他分野に進出していくことが、日本発信型の「新しい火をつける」研究の火種ともなり得ると思うからである。それが、ひいては、人々に降りかかる災害を大きく減らすための研究を前進させるのではないかと信じるからである。

理科嫌い

社会の中で自然科学の役割を考えるとき、しばしば危機感をもって語られるのが、若い世代で「理科嫌い」が増えているということである。私は、理科嫌いには次の四つの要因があると思っている。

（一）身近で自然にふれる機会がすっかり乏しくなってしまったこと。

（二）「重要な問題は既に解かれてしまっている」いう錯覚が存在すること。

（三）研究者の給与面での待遇が良くないことや、日本の大学の研究環境が劣悪であることが知れ渡ってしまっていること。

（四）環境破壊、地球温暖化、大規模災害などに、積極的に解答を出そうとしない科学への、若い世代からの無意識のオブジェクション。この点については、既に第九章で述べた。

重要な問題は既に解かれてしまっているという錯覚は相当根強いように思われる。しかし、湯川秀樹の場合ですら、先を走るボーア（一八八五―一九六二）やハイゼンベルグ（一九〇一―一九七六）に重要なことは全部やられてしまうのではないかと焦りながらも、独自の道を進み、ついに中間子の着想に達したのである（『湯川秀樹　旅人』、湯川秀樹、一九九七）。

『サル学の現在』（立花隆、一九九一）の序章は、一九八〇年代末に行われた立花隆と今西錦司の対談である。家族の起源と人間社会の起源を求めて日本のサル学は数多くの素晴らしい成果を挙げたが、それにもかかわらず、類人猿と人類の距離は余りにも遠かった。立花隆の質問に答えて今西錦司が「結局、（サルから人間には）なるべくしてなったでええやないか」（括弧内は筆者が補った）と述べたことに私は奇妙な感動を覚えた。さらに、「最近の分子生物学によって、生物というものが、ここまで物質レベルで解明されるようになるとは、かって考えられなかったことでしょう」と水を向けられて、「細分化した末端のことならちょっとは分かってきたかもしれんけど、そんなもんで全体はわからへん」と答えている。

「重要な問題は既に解かれてしまっている」というのは錯覚であることが分かる。本質的に解くべき多くの問題が次の世代、次の次の世代に残されている。この辺の事情は、地球科学でも、そのほかのあらゆる分野でも同じであろう。今後も、奇想天外な大発見があり得るだろう。

多くの若い世代に自然科学の世界に入ってきてほしい。若い世代の感性が加わってこそ、各研究分野が発展すると共に、「格差」、「環境」、「農」、「防災」などを一つの枠組みの中で実効的に研究をする「知の融合」も進むものと信じてやまない。

京都大学における地震学と測地学

京都大学にあっては、地球科学は特別な学問というべきであろう。『湯川秀樹　旅人』によると、湯川秀樹の実父小川琢治（一八七〇―一九四一）は、一八九一年濃尾地震の被害の惨状を見て、地震の研究をしなければならないと思った。一九〇八年、地質調査所から京都帝国大学地理学講座初代教授として赴任、一九二一年からは理学部に新設された地質学鉱物学教室の初代教授を務めた。湯川秀樹は、三高卒業時の大学進学希望学科に、最初は悩みながら地質学と記入し、その後物理学と改めた。

地球物理学と地質学鉱物学は、学問的色合いはかなり異なるが、二つを合わせて地球科学という。現在では、惑星科学を含めて、地球惑星科学と呼ぶことも一般化している。地球物理学の中でも固体部分の変動を扱うのが地震学と測地学である。

一九〇九年（明治四二年）、京都大学における地震学と測地学分野の草分けとなった志田順（一八七六―一九三六）が赴任してきた。一九一八年（大正七年）、物理学科の中に地球物理学講座が作られ、志田順はその責任者となった。一九二一年（大正一〇年）には海洋物理学講座が創設され、二講座の地球物理学科が発足した。

志田順は、東京大学との違いを独自の観測に求め、一九〇九年（明治四二年）上賀茂地学観測所（京都府京都市）、一九二六年（大正一五年）地球物理学研究所（大分県別府市）、一九二八年（昭和三年）阿蘇火山研究所（熊本県阿蘇郡長陽村）、一九三〇年（昭和五年）阿武山地震観測所（大阪府高槻市）を開設し、独自の観測と研究を積極的に展開した。今ではこれらの観測は当たり前だが、当時としては大変先進的なものであった。それら観測に基づき、地球潮汐における志田数、地震波初動の四象限型押し引き分布、深発地震の存在などの先駆的な発見が行われた。

一九六〇年代から一九七〇年代にかけて、京都大学の研究者達は、上宝観測所（岐阜県高山市上宝町）、鳥取観測所（鳥取県鳥取市）、徳島観測所（徳島県名西郡石井町）、宮崎観測所（宮崎県宮崎市）などの遠隔地の観測所を展開した。それは、その年代における「進取の気性や先見の明」の発露であったと言えよう。

一九九〇年に至って、京都大学の中の地震予知研究に関連する部門を統合再編成して、防災研究所の中の付属施設として、地震予知研究センターが発足した。ここの地震学グループと測地学グループが次の東南海・南海地震の予知研究の主力部隊である。

ここでは、多くの研究者が、二〇〇〇年鳥取県西部地震の余震観測に出かけたり、日本各地の人工地震観測に走り回ったり、富士山の電磁気観測に出かけたり、中国地方と四国を南北に縦断する電磁気観測に出かけたり、紀伊半島や花折断層のGPS観測に出かけたり、奥飛騨の跡津川断層近傍での電磁気、地下水、GPSの観測、地殻変動連続観測などに出かけている。外国では、台湾、フィリピン、インドネシア、南アフリカにまで出かけている。日本国中を飛び回っている若手が楽しそうに観測の話をするのを聞いていると、うらやましいと思うことも多い。

私が京都大学らしさにこだわるのにはもう一つの理由がある。傲慢のそしりを恐れずに極端に言えば、特定のテーマについて論文を書くことは、自然そのものについてそれほど知らなくても出来る。しかし、物理法則に基づいたしっかりした地震予知を目指そうとすると、それこそ複雑で多様な自然を知り尽くさないと出来ない。その複雑性と多様性の魅力に惹き付けられた研究者は多いが、中でも、安芸敬一は、"I fell in love with the complexity of the world"（私は、世界の複雑さに恋に落ちた）と彼の人生を述懐している。

科学には二つのタイプの喜びがあると言える。一つは、素粒子物理学に代表される「単純さの美しさ」である。他方は、サル学や生態学に代表される「複雑さと多様性の魅力」である。いずれもが、京都大学の誇りである。地震学が「複雑さと多様性の魅力」の側に属することは言うまでもない。

●京都大学宇治キャンパス

京都駅からJR奈良線で南に向かって約二五分で宇治駅に着く。京阪電鉄だと、大阪や京都から特急で来て中書島で宇治線に乗り換える。宇治は歴史の町である。大化二年（六四六年）、宇治川に架けられた宇治橋と、永承七年（一〇五二年）、藤原頼道によって建てられた平等院が町の核である。国宝の平等院は一〇円硬貨の裏の模様になっており、日本を知らない外国人に宇治の説明をするときには、それを見せるとすぐに納得してくれる。ただし、宇治橋は何度も建て替えられており、現在の橋はコンクリートである。

そこから南西にほぼ六キロメートル、車で二〇分ほど行き、木津川に出ると、久御山と対岸の八幡にかかった木津の流れ橋がある。橋を渡って左岸に出て南に五キロメートル行くと京田辺市になり、室町時代に一休宗純が拠点とした酬恩庵一休寺がある。さらに南に一〇キロメートルで奈良との県境

写真10–1●宇治キャンパスの酔芙蓉の花。午前中は白く、午後になると赤くなる。

に出る。その間には、蟹満寺（相楽郡山城町）や浄瑠璃寺（相楽郡加茂町）など、観光のメインルートから外れた、落ち着いた歴史的文化財が点在する。宇治に住むようになって、宇治から、田辺、木津一帯の南山城がすっかり好きになってしまった。山城は、現在の京都市から奈良県境までの地域の昔の国名である。

宇治駅の一つ手前の黄檗（おうばく）駅で降り、南西に歩いて五分ほどで京都大学宇治キャンパスに着く。正門の正面には五階建ての巨大な建物が建っており、ここには、尾池和夫前総長が若手研究者の頃に在籍していた防災研究所をはじめとして、松本紘総長の出身母体である生存圏科学研究所、化学研究所、エネルギー科学研究所、エネルギー理工学研究所、農学研究所の一部が住まいしている。この巨大な建物の裏手には、西に向かって五〇〇mほど、宇治川堤防近くまでキャンパスが広がっており、背の高い松の木が何本も並び、四季それぞれに花が咲く。冬は山茶花が咲き乱れ、二月に入って少し暖かくなってくると梅が咲き始める。三月も中旬になると桜がつぼみを膨らませ、三月下旬から四月上旬には満開となる。私の居住する地震予知研究センター新館の前は染井吉野が咲き誇り、他の研究所の人たちも散歩がてらに見に来ることも多い。そのあと、数は少ないが八重桜や黄桜が咲き、四月から五月にはツツジが咲く。

八月の盛夏の頃には数株の大輪の酔芙蓉の花が咲く。朝来たときに真っ白な花（写真10-1）が、夕方帰宅の時には紅に染まっている。一日のうちに白から紅に色を変えるので、酔っぱらいに喩えて酔芙蓉と呼ばれたらしい。優雅にして変化に富んでいる。大学も学問もかくありたい。

おわりに

私は、五〇歳台の半ばという中途半端な年齢で京都大学防災研究所に移った。それまでは、研究者としての人生のほとんどを、地方大学で、地震予知計画にも、震源過程やトモグラフィなど地震学のメインストリームにもそっぽを向いて生きてきた。そっぽを向き、スロー地震のようなゲリラ的な研究をすることが、神様が私を地方大学に置いた意図だと思ったからである。

京都大学に移ってから、「神様が中途半端な年齢で私を防災研究所に置き、地震予知研究に放り込んだ意図は何か？」と考えるようになった。それは、「京都大学、防災科学、地震予知から『半歩』離れて冷静に観察し、問題点を整理し、できれば提案しなさい」ということだと思うようになった。そう思って、地震予知に関しては、『スロー地震とは何か』（ＮＨＫブックス、二〇〇六）を書いた。予知研究の中核部分を担っている人々から「半歩」離れた地点から、予知研究の到達点と隘路、予知に関わる人々の思いを書いたつもりである。

『スロー地震とは何か』を書いていたときから、「予知が可能になっても、人々の苦しみを減じる効果は限定的に過ぎないのではないか?」という不安にとりつかれるようになった。第九章にも書いたように、二〇〇七年九月二八日の「年収二〇〇万円以下、一〇〇〇万人超、民間給与、格差拡大」という記事を読んだとき、それは確信となった。二〇〇八年にはいって、五月一二日の四川地震の惨状を見て、これは三〇年後の東南海・南海地震と同じではないかと思い、私の不安と確信を書いておかないではいられないと思うにいたった。この本によって、災害を減らすために本質的に重要な要素は科学や技術ではない、社会のあり方そのものであるという考えを共有する人々が今まで以上に増えるように願ってやまない。このような本も、防災科学から「半歩」離れていたから書けたと思っている。

この本ではネガティブなことを多く書いてしまったが、それは私の本意ではない。欠点指摘型議論に立ち止まるのではなく、自然科学の研究者が社会科学に踏み込んで提案型の発信をし、社会科学の研究者が自然科学の問題に踏み込んで提案型の発信をする試みが数多くなるのでなければ、あまりにも災害に脆弱で、格差のために息苦しくなってしまった日本の社会に一石を投じることが出来ないのではないかという思いが私を駆り立てた。その思いから、身の程も考えずに、第八章では「超高層ビル社会への提案」、第九章では「非正規雇用税の提案」に及んでしまった。これは、日頃、「対案無くして反対無し」を自分に課していることによる。未熟な提案が厳しい反撃を受けるかと思うとたじろぐが、それが問題点を一層明確にするのではないかという気もしたので、あえてそうした。特に「非正規雇用税」にたいしては、「技術的に困難だ」とか、「地震学の研究者に過ぎないのに分かりもしないで」とか、厳しく批判されることが予想される。経済学の知人に頼んで助力をお願いする選択肢も考えたが、あえて「はだかの王様」のホック少年の感性を大切にしたいと思い、自然科学者の社会分析にとどめた。読み返してみると、論じていない重要な課題も多く、私の力不足が明らかであることを認めざるを得ない。読者にはお許しを願う次第である。

この本では、事実を積み重ねて結論を導くという自然科学における論文のスタイルをそのまま社会の分析に持ち込んだ。社会現象は自然現象とは異なり、無理があることは明らかで、このようなやり方で「全体」を示したというのはおこがましいことも十分に自覚している。しかし、もし『災害社会』が何がしかの新しい視点をもたらすことが出来たとすれば、単純な自然科学の研究のスタイルをもちこむことによって、人々が心の中で漠然と感じていたことを形あるものにしてしまった、あるいは、「はだかの王様」ではなかったかと密かに思っている次第である。

二〇〇五年の早春のある日、当時の防災研究所の井上所長から、「川崎さんは本が好きだそうですね。京都大学学術出版会の理事に推薦させてもらいます」と言われ、二〇〇五年四月から理事を仰せつかる成り行きになった。当初は右も左も分からず理事会に出席し、会議室の片隅で様子を見ていたが、前川和也（古代史）、阪上孝（社会思想史）、本山美彦（経済学）など、京都大学の文系を代表するような学者たちに、小野利家前編集長と鈴木哲也編集長（当時は副編集長）が絡まり、出版企画をネタに古今東西の「知」に話題を飛ばしながら、関西弁でああだこうだと語り合うのを聞いて、私は二ヶ月に一度の理事会が楽しみになった。それは私に海北友松の飲中八仙図（京都国立博物館蔵）を思い出させた。もっとも、理事会ではお酒は出ない。

その後、メンバーも入れ替わったが、理事会で行われる議論は、私の視野を大きく拡げた。本山美彦は理事長として企画審査を主催しながら、経済学という学問と社会のあり方について鬱憤を漏らすことが多かったが、私からは防災科学の視点から呼応するものがあった。二〇〇八年の春先に出版された本山美彦の『金融権力』は私の背中を押した。理事会での刺激に満ちた時間が『災害社会』の下敷きになっているとも言える。鈴木哲也編集長には、『災害社会』の原稿について多くの意見をいただき、励ましを受けた。

『共生の大地』（岩波新書、一九九五）など内橋克人の多くの著作や、『大地動乱の時代』を書いた石橋克彦（神戸大学）の社会に向き合う姿勢などに影響を受けたこともここに記しておきたい。理学研究科の中西一郎を中心とする「地球惑星内部ダイナミクスゼミナール」では、話題が頻繁に本題から脱線し、地震学の歴史から自然科学の歴史に及んだ。そこからは「京都大学らしさ」についての幾つもの素材を得た。

力不足を補うために多くの著作を参考にしたが、特に、『「都市再生」を問う』（五十嵐敬喜・小川明雄、岩波新書、二〇〇三）、『格差社会――何が問題なのか』（橘木俊詔、岩波新書、二〇〇六）、『日本の統治構造』（飯尾潤、中公新書、二〇〇七）、『金融権力』（本山美彦、岩波新書、二〇〇八）、『人間にとって農業とは何か』（末原達郎、世界思想社、二〇〇四）、『「農」をどう捉えるか』（原洋之介、書籍工房早山、二〇〇六）を挙げておきたい。

また、入倉孝次郎、岡田憲夫、矢守克也、田中仁史、林康弘（以上、京都大学）、東田進也（気象庁）には、それぞれ専門に近い部分を読んでいただき、ご意見を頂いた。とは言え、あやまりがあれば著者の責任である。京都大学学術出版会の、斎藤至、高垣重和には出版のお手伝いをしていただいた。

ここで名前を挙げた以外の多くの著作、多くの方々との議論やコメントも大いに役にたった。すべての方々に深甚の感謝の意を表したい。

二〇〇九年二月　川崎一朗

索　引

参考文献

はじめに

宇佐美龍夫（2003）『最新版日本被害地震総覧[416]-2001』東京大学出版会。

川崎一朗（2006）『スロー地震とは何か』NHK ブックス 1055。

橘木俊詔（2006）『格差社会　何が問題なのか』岩波新書。

日本地震学会地震予知検討委員会（2007）『地震予知の科学』東京大学出版会。

第 1 章

Gan, W. J., P. Z. Zhang, Z. K. Shen, Z. J. Niu, M. Wang, Y. G. Wan, D. M. Zhou, and J. Cheng, "Present-day crustal motion within the Tibetan Plateau inferred from GPS measurements," *Journal of Geophysical Research*, 112, B08416, doi : 10.1029/2005JB004120, 2007.

瀬野徹三・魏東平（1998）「極東地域のプレート運動――残された課題」『月刊地球』20 : 497-504.

第 2 章

Ando, M., (1974) "Seismo-tectonics of the 1923 Kanto earthquake," *Journal of Physics of the Earth*, 22, 263-277.

Munich Re Group, (2003) *Annual review of natural catastrophes* 2002.

石橋克彦（1994）『大地動乱の時代』岩波新書。

都司嘉宣（2007）「大阪府における宝永地震（1707）および安政南海地震（1854）の詳細震度分布」『歴史地震』22 : 203.

第 3 章

Kanamori, H., (1972) "Determination of effective tectonic stress associated with earthquake faulting, the Tottori earthquake of 1943," *Physics of the Earth and Planetary Interiors*, 5 : 426-434.

跡津川断層発掘調査団（1983）「跡津川断層におけるトレンチ堀削調査（速報）」『月刊地球』49 : 335-340.

伊藤潔・佐藤比呂志・梅田康弘・松村一男・澁谷拓郎・廣瀬一聖・上野友

岳・森下可奈子・伊藤谷生・平田直・川中卓・黒田徹・阿部進・須田茂幸・斎藤秀雄・井川猛（2005）「近畿圏における大大特プロジェクトＩの地下構造調査」『京都大学防災研究所年報』48B, 243–258.
寒川旭（1992）『地震考古学』中公新書。

第４章

安藤雅孝・川崎一朗（1973）「低角逆断層近傍の加速度」『昭和 48 年度地震学会秋季大会講演予稿集』107.
入倉孝次郎（2006）「総論　巨大地震による長周期地震動——予測と今後の対応策」『月刊地球』号外 : 55.
梅田康弘・黒磯章夫・伊藤潔・飯尾能久・佐伯龍男（1986）「1984 年長野県西部地震による震央付近の大加速度」『地震』39 : 217–228.
工藤一嘉（2002）「平野や盆地ではなぜ地震動が強くなるのか」『SEISMO』6 : 8.
纐纈一起（2002）「強震動—地震災害の軽減のための基礎的な情報」東京大学地震研究所特別公開講座「これまでの 10 年　これからの 10 年」。
古村孝志（2007）「能登半島地震の長周期地震動：関東平野にはどう伝わったか」『SEISMO』11 : 6–7.

第５章

大阪市立自然史博物館（1981）『河内平野のおいたち』大阪市立自然史博物館。

第６章

五十嵐敬喜・小川明雄（2003）『「都市再生」を問う——建築無制限時代の到来』岩波新書。
Furumura, T. Hayakawa, M. Nakamura, K. Koketsu, and T. Baba, (2008) "Development of long-period ground motions from the Nankai Trough, Japan, earthquakes : Observations and computer simulation of the 1944 Tonankai (Mw8.1) and the 2004 SE Off-Kii Peninsula (Mw7) Earthquakes," *Pure and Applied Geophysics*, 165 : 585–607.

第7章
アマルティア・セン、大石りら訳（2002）『貧困の克服——アジアの発展の鍵はなにか』集英社新書。

エドウィン・ライシャワー、國弘正雄訳（2001）『ライシャワーの日本史』講談社学術文庫。

隈研吾・清野由美（2008）『新・都市論 TOKYO』集英社新書。

田村明（2005）「まちづくりと景観」岩波新書。

米本昌平『バイオポリティクス』中公新書、2006.

第8章
飯尾潤（2007）『日本の統治構造』中公新書。
五十嵐敬喜・小川明雄（2003）『「都市再生」を問う』岩波新書。
植田和弘（1998）『環境経済学への招待』丸善ライブラリー。
鬼頭宏（2000）『人口から読む日本の歴史』講談社学術文庫。
佐伯啓思（2008）「もはや成長という幻想を捨てよう」『中央公論』12月号。
橘木俊詔（2006）『格差社会　何が問題なのか』岩波新書。
中西寛（2008）「激動の時代こそ基本に還れ」『中央公論』12月号。
速水融（2001）『歴史人口学から見た日本』文春新書。
本山美彦（2008）『金融権力』岩波新書。
矢野恒太郎記念会（2008）『日本国政図会第66版　2008/2009』。

第9章
トーマス・クーン、中山茂訳（1971）『科学革命の構造』みすず書房。

網野善彦・森浩一（2000）『この国のすがたを歴史に読む』大功社。

大江正章（2008）『地域の力——食・農・まちづくり』岩波新書。

岡田憲夫・杉万俊夫・平塚伸治・河原利和（2000）『地域からの挑戦』岩波ブックレット520。

気候変動に関する政府間パネル（2001）『第3次評価報告書　気候変化2001　科学的根拠』。

末原達郎（2004）『人間にとって農業とは何か』世界思想社。

中村雄二郎（1992）『臨床の知とは何か』岩波新書。

原洋之介（2006）『「農」をどう捉えるか』書籍工房早山。

附章
ウイリアム・ブロード、ニコラス・ウエード、牧野賢治訳（1998）『背信の科学者たち』化学同人。

伊藤孝夫（2003）『滝川幸辰』ミネルヴァ書房。

小柴昌俊（2002）『ニュートリノ物理学入門』講談社ブルーバックス。

立花隆（1991）『サル学の現在』平凡社。

湯川秀樹（1997）『湯川秀樹　旅人』日本図書センター。

おわりに
内橋克人（1995）『共生の大地』岩波新書。

注：題名に『　』を付けたのは単行本および和雑誌名。斜体は、洋雑誌名。
複数の章で参照した文献は、最初に参照した章でのみリストにあげた。

川崎一朗（かわさき　いちろう）

　京都大学防災研究所教授。理学博士。専門は地震学・測地学。
　1946年大阪市生まれ。1970年東京大学理学部地球物理学科卒業。1976年同大学院博士課程修了。1978年富山大学理学部助教授、教授を経て、2002年2月より現職。

【著書】
『サイレント・アースクェイク』（共著）東京大学出版会（1993）、『スロー地震とは何か』（NHKブックス、2006）、『地震予知の科学』（共著）（東京大学出版会、2007）など

学術選書

災害社会

学術選書 042

2009 年 4 月 15 日　初版第 1 刷発行

著　　　者…………川崎　一朗
発　行　人…………加藤　重樹
発　行　所…………京都大学学術出版会
京都市左京区吉田河原町 15-9
京大会館内（〒 606-8305）
電話（075）761-6182
FAX（075）761-6190
振替 01000-8-64677
URL http://www.kyoto-up.or.jp

印刷・製本…………㈱太洋社

装　　　幀…………鷺草デザイン事務所

ISBN978-4-87698-842-6
定価はカバーに表示してあります

学術選書 [既刊一覧]

＊サブシリーズ 「心の宇宙」→心 「諸文明の起源」→諸
「宇宙と物質の神秘に迫る」→宇